玩转"电商营销＋互联网金融"系列

一本书读懂智能家居
（第2版）

林思荣　编著

清华大学出版社
北京

内 容 简 介

　　一个刚进入智能家居行业的新手，该如何了解行业、掌握技术、抓住重点，让自己秒变老手？一个智能家居行业的老炮，该如何定制自己的发展路线，使自己不断升值，成为行业圈中的高手？一个新时代的智能家居消费者，该如何购买产品，玩转智能家居，成为邻居好友口中的科技达人？本书将全面解密智能家居，从底层技术到投资布局、再到设计方案的全面揭示，教会读者了解最新技术、认清发展趋势、获取智能家居设计方向，使读者有的放矢步步领先。

　　本书适合的读者：一是对智能家居感兴趣并有意愿购买的人；二是进入智能家居行业的新手，希望了解更多有关智能家居的知识；三是智能家居行业的员工，即希望跳出原有视角，可以全方位地了解这一行业的从业者。

图书在版编目(CIP)数据

　　一本书读懂智能家居/林思荣编著. —2版. —北京：清华大学出版社，2019（2021.11重印）

　　(玩转"电商营销+互联网金融"系列)

　　ISBN 978-7-302-53317-7

　　Ⅰ. ①一… Ⅱ. ①林… Ⅲ. ①住宅—智能化建筑 Ⅳ. ①TU241

　　中国版本图书馆CIP数据核字(2019)第156842号

责任编辑：杨作梅
封面设计：杨玉兰
责任校对：周剑云
责任印制：丛怀宇
出版发行：清华大学出版社
　　　　　网　　址：http://www.tup.com.cn, http://www.wqbook.com
　　　　　地　　址：北京清华大学学研大厦A座　　　　　邮　　编：100084
　　　　　社 总 机：010-62770175　　　　　邮　　购：010-62786544
　　　　　投稿与读者服务：010-62776969, c-service@tup.tsinghua.edu.cn
　　　　　质量反馈：010-62772015, zhiliang@tup.tsinghua.edu.cn
印 装 者：涿州汇美亿浓印刷有限公司
经　　销：全国新华书店
开　　本：170mm×240mm　　　印　　张：16.25　　　字　　数：257千字
版　　次：2016年5月第1版　　2019年9月第2版　　　印　　次：2021年11月第4次印刷
定　　价：69.80元

产品编号：081717-01

前 言

■ 写作驱动

随着人工智能的迅速发展，如今的智能家居已不再是精英人士的一个玩具，而是一个强大的新型生活方式，甚至可以真正引入物联网中的万物互联概念，智能家居将以巨大的爆发式力量开启一个数据化、智能化、信息化的新时代。

本书以智能家居为核心、以高新技术为出发点，全面、深入地诠释智能家居的发展状况、场景构成、产业现状、人工智能、自动管理、人机交互、大数据、投资布局、智能音箱、安全防护、设计方案及软件控制等内容，紧扣智能家居行业，采用集最新技巧、行业动态、明星产品等内容于一体的结构框架，让您轻松懂得智能家居相关知识，进入智能家居行业，争做科技弄潮儿。

■ 升级内容

本书在第 1 版的基础上，升级了以下内容：

(1) 本书在第 4 章有关人工智能的内容中，详细说明了人工智能与智能家居的联系，人工智能在智能家居中的应用和产品，帮助读者更好地了解人工智能这一高新技术和产业。

(2) 本书在第 6 章新增了人机交互的简介、人机交互的组成、人机交互的发展、人机交互的产物、人机交互的产品等内容，让读者对人机交互有更加深入的了解。

(3) 本书在第 7 章新增了大数据内容，让读者更加清楚地了解数据对智能家居的影响力，如何使智能家居变得更加聪明。

(4) 本书在第 8 章新增了有关智能家居企业投资布局的内容，让读者可以轻松把握智能家居行业的趋势动态。未来的三年将是智能家居的洗牌阶段，如何随大势而动，将会成为一个重要的问题。

(5) 如今是智能音箱火热的时代，对智能家居消费者来说，如何选购合适的智能音箱成为重中之重，所以本书第 9 章新增的内容从智能音箱入手，让读者全方位了解各大厂商的智能音箱产品。

■ 本书特色

(1) 案例丰富，包含 50 多个具体产品分享：本书巧妙地将智能家居明星产品嵌入到智能家居技术当中，生动形象地通过产品，将前沿技术与市场动态表述出来，让读者能够快速吸收、掌握相关知识。

(2) 易于理解，构建 330 多张图片解说：对智能家居的相关重点知识进行专业的剖析，对智能家居行业、智能家居产品等通过形象的图片全程解说，引领读者进入和玩转智能家居新时代！

■ 图解提示

为了内容的关系一目了然，本书正文中采用了一些图解的方式进行解说，主要有 60 多个图解，建议读者在阅读过程中注意其逻辑关系，这样不仅可以更好、更快地理解内容，而且可以感受到阅读的知识性和趣味性。

林思荣

目录

第1章

初识：智能家居及其相关信息

学前提示

早在2014年，智能家居便初露苗头，几乎所有家电企业都开始进入智能家居领域，各大智能家居互联网企业也纷纷成立。发展到如今，智能家居已从当初的喧闹无比，变成如今的有形产品。虽然大部分消费者听说过智能家居，但实际使用人数依旧很少。

- 智能家居的相关概念
- 智能家居的主要特征
- 智能家居系统的组成
- 智能家居的影响与变革

1.1 智能家居的相关概念

近年来，智能家居、智能家电已经成为人们口中的热门话题，它们不仅是媒体关注的焦点，还是传统家居行业、家电行业、房产商企业、互联网企业进军的领域。目前，随着越来越多的生产厂家介入，智能家居领域的产品和技术得到了越来越成熟的发展，智能化的家庭生活已经成为现代家庭追求的新目标。本节笔者将为大家介绍与智能家居相关的几个概念。

1.1.1 智能家居

什么是智能家居？智能家居就是以个人住宅为平台，利用综合布线、安全防范、网络通信、自动控制、音视频等技术将与家居生活有关的设施进行集成后，构建高效智慧的住宅设施与家庭日常事务的管理系统，在实现环保节能的基础上，提升家居生活的安全性、便利性、舒适性以及高效性等，如图1-1所示。

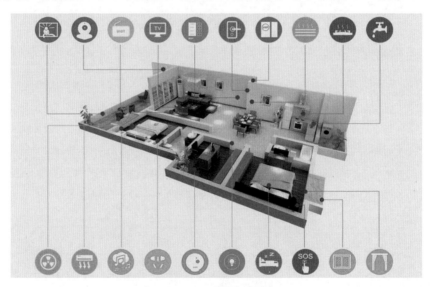

图1-1 智能家居

智能家居不是单一的智能设备的简单组合，而是一个集成性的系统体系。它通过物联网技术将家里的灯光、音响、电视、冰箱、空调、洗衣机、电风扇、电动门窗甚至燃气管道等所有光、声、电设备连在一起，提供视频监控、智能防盗、智能照明、智能电器、智能门窗、智能影音等多种功能和手段。用户只要通过台式计算机、笔记本电脑、平板电脑、智能手机等智能移动设备，即可远程监控，还能实时控制家里的灯光、窗帘、电器等，如图1-2所示。

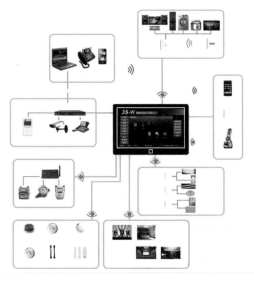

图1-2 智慧家居集成体系

1.1.2 智能家电

智能家电是一种新型的家用电器产品，如图 1-3 所示。它是将芯片处理器、传感器技术、网络通信技术引入家电设备后形成的家电产品，具有自动感知功能，能够感知住宅空间状态和家电自身的状态以及家电服务的状态，还具备自动控制、自动调节与接收远程控制信息的功能。

图1-3 智能家电

作为智能家居的组成部分，智能家电并非单一的智能产品，它们还能与住宅内其他的家电、家居设施等互联互通，形成一个完整的智能家居系统，帮助人们实现智能化的生活。图 1-4 所示为智能家居联动作用图示。

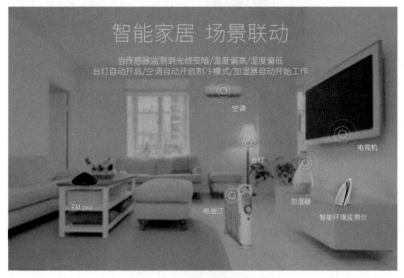

图 1-4　智能家电联动作用

同传统的家用电器相比，智能家电具有如图 1-5 所示的特点。

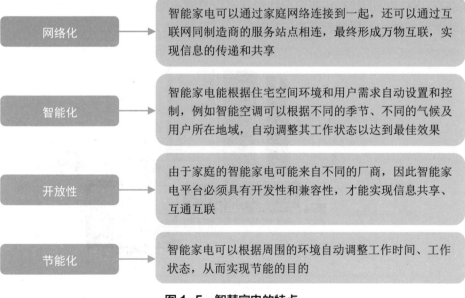

图 1-5　智慧家电的特点

1.1.3　物联网

物联网是以感知为目的，利用互联网等通信技术把传感器、控制器、机器、人和物等通过某种方式连接在一起，形成人与人、人与物、物与物相联，从而实现信息化、远程管理控制和智能化的网络，如图 1-6 所示。

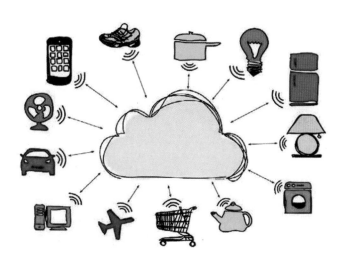

图 1-6　物联网

物联网的本质是为物品赋予主动性，方便用户使用该物品。物联网的应用中有 3 项关键技术，如图 1-7 所示。

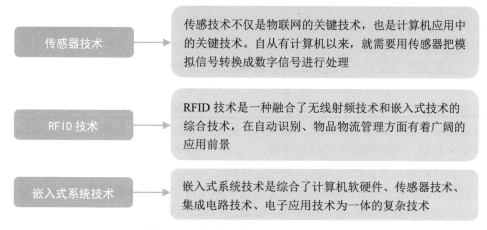

传感器技术	传感技术不仅是物联网的关键技术，也是计算机应用中的关键技术。自从有计算机以来，就需要用传感器把模拟信号转换成数字信号进行处理
RFID 技术	RFID 技术是一种融合了无线射频技术和嵌入式技术的综合技术，在自动识别、物品物流管理方面有着广阔的应用前景
嵌入式系统技术	嵌入式系统技术是综合了计算机软硬件、传感器技术、集成电路技术、电子应用技术为一体的复杂技术

图 1-7　物联网应用的 3 项关键技术

1.1.4 云计算

云是网络、互联网的一种比喻说法，它是一种基于互联网的新型计算方式，运算能力是每秒 10 万亿次，通过这种方式，可以按需提供共享的软硬件资源和信息给计算机和其他设备。云计算可以分为基础平台、管理中心、应用中心、安全中心等几个类型，如图 1-8 所示。

图 1-8　云计算

对于智能家居来说，云计算的所有功能都建立在互联网与移动互联网基础上，典型的云计算提供商会提供通用的网络业务应用，通过其他软件或 Web 服务来访问，数据都存储在服务器上，并在服务器上进行大量的数据计算和模型生成，从而反馈出计算结果。

智能家居就是一个小型物联网，它有庞大的硬件群，这个硬件群搜集了庞大的数据和信息，这些信息的稳定性和可靠性必须建立在良好的硬件基础上。因此这就需要容量足够大的存储设备，如果没有足够容量的存储设备，就会造成信息难以储存，甚至造成信息数据大量遗失。因此，云计算应运而生，它将庞大的数据集中起来，实现智能家居自动管理。

云计算是商业化的超大规模分布式计算技术，即用户可以通过已有的网络将所需要的庞大的计算处理程序自动分拆成无数个较小的子程序，再交由多部服务器所组成的更庞大的系统，经搜寻、计算、分析之后将处理的结果回传给用户，其主要特点如图 1-9 所示。

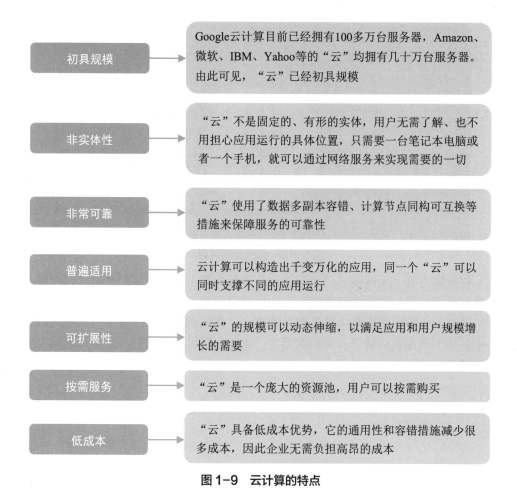

初具规模	Google云计算目前已经拥有100多万台服务器，Amazon、微软、IBM、Yahoo等的"云"均拥有几十万台服务器。由此可见，"云"已经初具规模
非实体性	"云"不是固定的、有形的实体，用户无需了解、也不用担心应用运行的具体位置，只需要一台笔记本电脑或者一个手机，就可以通过网络服务来实现需要的一切
非常可靠	"云"使用了数据多副本容错、计算节点同构可互换等措施来保障服务的可靠性
普遍适用	云计算可以构造出千变万化的应用，同一个"云"可以同时支撑不同的应用运行
可扩展性	"云"的规模可以动态伸缩，以满足应用和用户规模增长的需要
按需服务	"云"是一个庞大的资源池，用户可以按需购买
低成本	"云"具备低成本优势，它的通用性和容错措施减少很多成本，因此企业无需负担高昂的成本

图 1-9　云计算的特点

1.1.5　大数据

大数据不仅是字面上的意思，表示大量的数据集合，更是表示不同来源、不同类型、不同含义的数据集合。通常情况下，大数据是无法用普通软件进行采集、管理和计算的。

大数据在各个行业都有应用，用户在行动时，每时每刻都会产生大量的数据。其中大部分数据都是没有价值的，需要筛选后才能让有价值的数据被利用。

大数据的变化太快，而且数据在不断增加，所以需要通过专业的软件工具进行研究分析，才能发现其中所蕴含的规律并产生价值。同时，大数据具有4个特点，具体如图 1-10 所示。

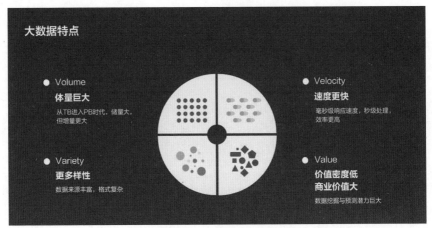

图 1-10　大数据的特点

在数据方面，大数据的"大"是一个表示大量、快速发展的术语，因而其自身的发展变化引起的社会竞争的激烈化也就显而易见了。越来越多的企业和科研机构参与到大数据的竞争中就是其表现之一。在当前的这一形势下，了解大数据的相关知识就很有必要了。大数据谓之"大"，是纵向上演变、发展和横向上累积的结果，如图 1-11 所示。

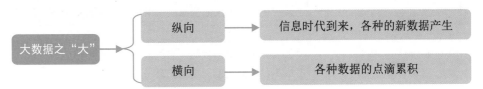

图 1-11　大数据之"大"的理解

从图 1-11 中可以看出，大数据的根本在于积累。例如，智能家居每时每刻都在采集用户的数据，以便针对不同的用户要求做出不同的数据反应和操作反应，给予用户不同的家居体验。

所以，大数据的出现和技术处理是大势所趋，它是智能设备大幅增加与芯片功能不断提高的产物。大数据也有一个产生发展的过程，如表 1-1 所示。

随着智能家居的迅速发展，在新兴智能家居企业的主导下，已有的数据被重新定义，引起了以大数据为代表的技术更新。

表 1-1　大数据产生的历史背景

时　间	人物 / 机构	事　件
1890 年	（美）赫尔曼·霍尔瑞斯	发明了一台用于读取数据的电动器，由此开启了全球范围内的数据处理新纪元

时　间	人物 / 机构	事　件
1961 年	美国国家安全局 (NSA)	采用计算机自动收集、处理超量的信号情报，并对积压的模拟磁盘信息进行数字化处理
1997 年	(美) 迈克尔·考克斯和大卫·埃尔斯	他们提出了"大数据问题"，认为超级计算机生成大量不能被处理和可视化的信息，超出各类存储器的承载能力。这是人类历史上第一次使用"大数据"这个词
2009 年 1 月	印度身份识别管理局	扫描 12 亿人的指纹、照片及虹膜，分配 12 位的数字 ID 号码，并将这一数据汇集到生物识别数据库中
2009 年 5 月	data.gov 网站	该网站拥有超过 4.45 万的数据量集，利用网站和智能手机应用程序，实现对航班、产品召回、特定区域内失业率等信息的跟踪
2011 年 2 月	IBM	在智力竞赛节目中，其沃森计算机系统打败了人类挑战者，被称为一个"大数据计算的胜利"

1.1.6　人工智能

人工智能，简称 AI(Artificial Intelligence)，它属于计算机学科的一个重要分支，主要涉及怎样用人工的方法或者技术，让人的智能通过某些自动化机器或者计算机来进行模仿、延伸和拓展，从而达到某些机器具备人类思考般的能力或脑力劳动自动化。

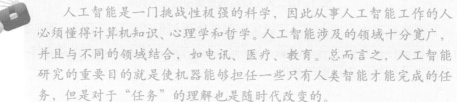

专家提醒

人工智能是一门挑战性极强的科学，因此从事人工智能工作的人必须懂得计算机知识、心理学和哲学。人工智能涉及的领域十分宽广，并且与不同的领域结合，如电讯、医疗、教育。总而言之，人工智能研究的重要目的就是使机器能够担任一些只有人类智能才能完成的任务，但是对于"任务"的理解也是随时代改变的。

它的研究目的就是利用机器模拟、延伸、拓展人的能力。在智能家居领域，人工智能起到了决定性的作用。当一个智能家电装载上人工智能领域的芯片和软件时，才能真正意义上去理解用户传达的指令，并作出相应反应。

人工智能逐渐成为人们日常议论的一个重要话题，并在不断渗入到不同的领域当中，带来新的改变，具体如图 1-12 所示。

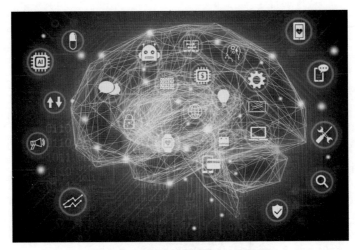

图 1-12　人工智能渗入不同领域

智能家居的 "智能"，其实就是人工智能，或者说 AI。在智能家居真正变得无比智能之前，人工智能还有三大难题需要跨越，具体如图 1-13 所示。

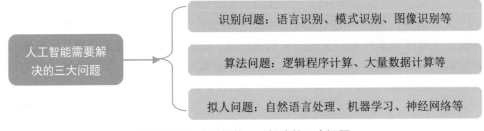

图 1-13　人工智能需要解决的三大问题

智能家居很大程度上解决了家居家电使用率过低的问题。而且，智能家居中的人工智能存在无限的商业价值，特别是与各大家居家电产品的深度结合，对每个人的生活都将产生重要的影响。

1.1.7　人机互动

人机互动，简单来说就是人与机器的互动。实际上，人机互动是人输出信息，机器接受信息并反馈的过程。随着科技的进步，原先不是智能终端的设备也可以加入智能模块，从而拥有智能功能，如图 1-14 所示。

在智能家居行业，人机互动的模式决定了用户的实际体验和购买欲望。智能家居需要通过用户的主动输入或者被动输入，才能够有所反应，实现智能化的人机互动。可以说，人机互动是智能家居领域最为重要的内容之一，它与认知学、人机工程学、心理学等学科领域有密切的联系。

图1-14 加入智能模块的方向盘

1.2 智能家居的主要特征

作为让人们更舒适、安全、节能、环保的居住环境，智能家居的特征可以归纳为操作方式多样化、提供便利的服务、满足不同的需求、安装规格一致和系统稳定且可靠。同时，智能家居应当具备一定的可扩展性，能够方便快捷地加入新的模块，从而形成智能家居整体联动效应。

1.2.1 操作方式多样化

智能家居的操作方式十分多样，可以用触摸屏进行操作，也可以用手机APP进行操作，还可以用语音、手势进行操作。没有时间和空间的限制，可以任何时间、任何地点对任何设备实现智能控制。例如照明控制，只要按几下按钮就能调节所有房间的照明，情景功能可实现各种情景模式，全开全关功能可实现所有灯具的一键全开和一键全关功能等。

1.2.2 提供便利的服务

智能家居系统在设计时，应根据用户的真实需求，为人们提供与日常生活息息相关的服务，例如灯光控制、家电控制、电动窗帘控制、防盗报警、门禁可视对讲等，同时还可以拓展诸如自动清洁、健康提醒等增值服务，极大地方便人们的生活。图1-15所示为电动窗帘控制。

图 1-15 电动窗帘控制

我们知道，智能家居最基本的目标是为人们提供一个舒适、安全、方便和高效的生活环境，因此智能家居产品最重要的是以实用为核心，把那些华而不实的功能去掉，以实用性、易用性和人性化体验为主。

1.2.3 满足不同的需求

智能家居系统的功能具备可拓展性，因此能够满足不同人的需求。例如，最初，用户的智能家居系统只能与照明设备或常用的电器设备连接，而随着智能家居的发展，将来也可以与其他设备连接，以适应新的智能生活需要。

为了满足不同类型、不同档次、不同风格的用户的需求，智能家居系统的软件平台还可以在线升级，控制功能也可以不断完善。除了实现智能灯光控制、家电控制、安防报警、门窗控制和远程监控之外，还能拓展出其他的功能，例如喂养宠物、看护老人小孩、花园浇灌等，如图 1-16 所示。

图 1-16 智能家居系统满足不同的需求

1.2.4 安装规格一致

　　智能家居系统的智能开关、智能插座与普通电源的开关、插座规格一样，因此，不必破坏墙壁，不必重新布线，也不需要购买新的电器设备，可直接使用原有墙壁开关和插座，系统完全可与用户家中现有的电气设备，如灯具、电话和家电等进行连接，十分方便快捷。假设新房装修时采用的是双线智能开关，则只需多布一根零线到开关即可。

　　智能家居产品的另一个重要特征是普通家电工参照简单的说明书就能组装完成整套智能家居系统，如图 1-17 所示。

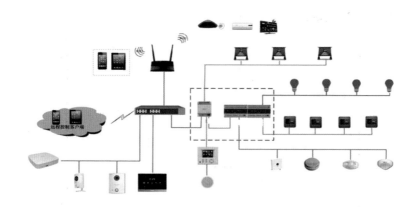

图 1-17　智能家居安装简易

　　智能家居具有十分便捷的安装性，可以开箱即用。只需要连接上互联网，简单操作，智能家居就可以开始采集数据，给予用户最优异的产品使用体验。

1.2.5 系统稳定且可靠

　　由于智能家居的智能化系统都必须保证 24 小时运行，因此智能家居的安全性、稳定性和可靠性必须给予高度重视，要保证即使在互联网网速较低或不稳定的情况下依然不会影响智能家居系统的主要功能。对各个子系统，从电源、系统备份等方面采取相应的容错措施，保证系统正常安全使用、性能良好，具备应付各种复杂环境变化的能力。

1.3　智能家居系统的组成

　　单个智能家居终端只能被称为智能产品，而智能产品实现互通互联，共同协作之后才是真正意义上的智能家居系统。智能家居系统中的智能产品没有上限，任何物品都可以加入智能模块从而实现互通互联。

智能家居系统主要由传感器、探测器、接收器、智能开关、智能插座、路由器以及智能家居本身的软件平台组成，如图 1-18 所示。

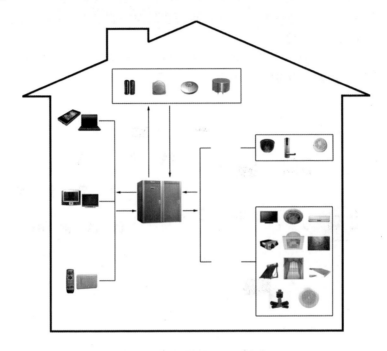

图 1-18　智能家居系统组成

1.3.1　连接互联网的路由器

在智能家居中，路由器就如同一个翻译器，对不同的通信协议、数据格式或语言等信息进行"翻译"，然后将分析处理过的信息进行传输，再通过无线网发出。可以说，路由器是家庭网络与外界网络沟通的桥梁，是智能家居的重要组成部分之一，如图 1-19 所示。

除具备传统的网络功能外，路由器还具备无线转发功能和无线接收功能，即将外部所有信号转换成无线信号。当用户操作遥控设备或无线开关的时候，软件平台通过互联网发送信号，路由器将信号输出，完成灯光控制、电器控制、场景设置、安防监控、物业管理等一系列操作。

图1-19　路由器

1.3.2　传感器与探测器

传感器与探测器就像人的感官功能，它们将看到、听到、闻到的信息转换为电信号传送到控制主机上。然后控制主机通过接受传来的电信号，分析并作出相应的反应。

智能家居中主要的传感器和探测器产品有：温、湿度一体化传感器，烟雾传感器，可燃气体传感器，人体红外探测器，玻璃破碎探测器，无线幕帘探测器，无线门磁探测器等，如图 1-20 所示。

温、湿度一体化传感器	由于温度与湿度与人们的实际生活有着密切的关系，所以温、湿度一体的传感器就此产生了。温湿度传感器是指能将温度量和湿度量转换成容易被测量处理的电信号的设备或装置。市场上的温湿度传感器一般是测量温度量和相对湿度量
烟雾传感器	烟雾传感器就是通过监测烟雾的浓度来实现火灾防范的，是一种将空气中的烟雾浓度变量转换成有一定对应关系的输出信号的装置。烟雾传感器分为光电式烟雾传感器和离子式烟雾传感器两种
可燃气体传感器	可燃气体传感器是对单一或多种可燃气体浓度进行测定的探测器，目前可燃气体传感器主要有催化型和半导体型两种。催化型可燃气体传感器是利用难熔金属铂丝加热后的电阻变化来测定可燃气体浓度的，半导体型探测器是利用灵敏的气敏半导体器件工作的

图1-20　传感器和探测器

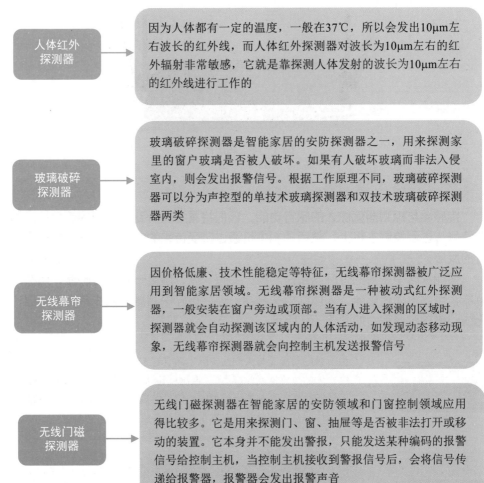

人体红外探测器	因为人体都有一定的温度，一般在37℃，所以会发出10μm左右波长的红外线，而人体红外探测器对波长为10μm左右的红外辐射非常敏感，它就是靠探测人体发射的波长为10μm左右的红外线进行工作的
玻璃破碎探测器	玻璃破碎探测器是智能家居的安防探测器之一，用来探测家里的窗户玻璃是否被人破坏。如果有人破坏玻璃而非法入侵室内，则会发出报警信号。根据工作原理不同，玻璃破碎探测器可以分为声控型的单技术玻璃探测器和双技术玻璃破碎探测器两类
无线幕帘探测器	因价格低廉、技术性能稳定等特征，无线幕帘探测器被广泛应用到智能家居领域。无线幕帘探测器是一种被动式红外探测器，一般安装在窗户旁边或顶部。当有人进入探测的区域时，探测器就会自动探测该区域内的人体活动，如发现动态移动现象，无线幕帘探测器就会向控制主机发送报警信号
无线门磁探测器	无线门磁探测器在智能家居的安防领域和门窗控制领域应用得比较多。它是用来探测门、窗、抽屉等是否被非法打开或移动的装置。它本身并不能发出警报，只能发送某种编码的报警信号给控制主机，当控制主机接收到警报信号后，会将信号传递给报警器，报警器会发出报警声音

图1-20　传感器和探测器（续）

1.3.3　智能面板与插座

　　智能面板和智能插座，是在物联网概念下，伴随智能家居概念而生的产品。其主要作用是利用电力资源的开关来控制智能家居。智能面板与插座的功能具体如图1-21所示。

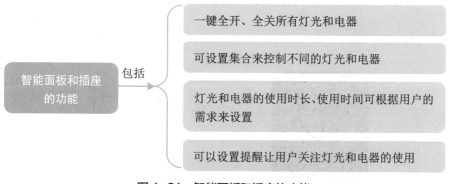

图 1-21　智能面板和插座的功能

下面笔者对智能面板和智能插座分别进行介绍。

1. 智能插座

在智能家居中，智能插座可通过电脑、手机或遥控器实现对电器用电负载的通断控制。例如，图 1-22 所示为通过智能手机的客户端来进行功能操作的智能插座。其最基本的功能是通过手机客户端遥控插座通断电流，当电器不工作时，可关断智能插座的供电回路，这样既安全又省电。智能插座还能定时开关家用电器的电源，起到节能、防用电火灾的作用，如图 1-23 所示。

智能插座的远程控制功能也能够让用户远程控制一些家电的工作时间，使非智能家电变得智能起来。例如，用户可以通过远程控制宠物喂食器的电源开关，定时定量地给宠物喂食，也可以在回家前打开空调、电灯等电源开关。智能插座给广大用户带来了低成本的家电控制手段，可以说是智能家居的低门槛入手明星单品。

图 1-22　通过智能手机客户端控制的智能插座

图 1-23　智能插座的定时开关功能

2. 智能面板

目前市面上比较流行的智能面板有智能灯光面板、智能窗帘面板，如图 1-24 和图 1-25 所示。

智能灯光面板分为智能灯光开关面板和调光面板，主要作用是实现灯光的开关控制和亮度调节，用户只要用手轻轻触碰，就能控制灯具的开关。智能窗帘面板用于实现对窗帘的控制，包括窗帘的开关、暂停开关等。智能面板已经出现融合的趋势，在未来，或许可以用一个智能面板操作所有智能家居设备。

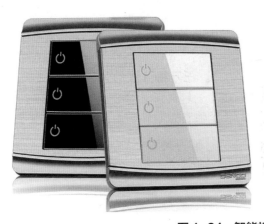

图 1-24　智能灯光面板

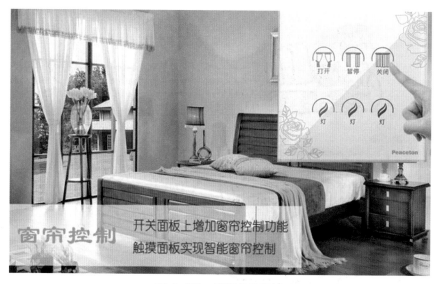

图 1-25 智能窗帘面板

1.3.5 家庭局域网

家庭局域网是融合家庭互联网和智能家居局域网于一体的家庭信息化平台，是在家庭范围内，将计算机、电话、家电、安防控制系统、照明控制和互联网相连，实现信息设备、通信设备、娱乐设备、家用电器、自动化设备、照明设备、监控装置及水电气热表设备、家庭求助报警设备等互连互通，共享数据和信息的系统。家庭局域网也是智能家居的信息传输平台，承担所有的信息传输任务。

1.4 智能家居的影响与变革

科技的进步，让人们过上了美好舒适的生活。智能家居作为一个新兴产业，其高技术让人们对家居生活有了更多的期待。在万物互联的大环境下，智能家居所构架的未来体系将会给人们的生活带来什么样的影响？在万物互联的大环境下，物联网对传统家居又造成了什么样的影响？在智能家居兴起后，传统家居和智能家居之间又有哪些区别？

1.4.1 物联网对传统家居的影响

物联网是什么？物联网即是"万物皆可相连"，它突破了互联网只能通过计算机交流的局限，也超越了互联网只负责联通人与人之间的功能，它建立了"人与物"之间的智能系统，如图 1-26 所示。

图 1-26　物联网

在智能家居中，物联网的目标是通过射频识别（RFID）、红外感应、探测系统、智能插座和开关、智能手机等设备，按约定的协议，通过网络把家居中的灯光控制设备、音频设备、智能家电设备、安防报警设备、视频监控设备等任意设备与互联网连接起来，进行信息交换和通信，从而实现智能化识别、监控和管理，如图 1-27 所示。

物联网技术对传统家居的影响为其带来了全新的产业机会。传统家居行业虽然发展了很多年，但其技术落后、创新乏力、观点陈旧，发展一直停滞不前。物联网的出现，为家居行业带来了生机，一些优秀的传统企业纷纷涉足物联网智能家居行业。

物联网的应用领域已经十分广泛，例如现代商品上的条形码、车用的 GPS 卫星定位系统；再例如查询邮递快件转到了何地，只要通过射频技术，以及在传递物体上植入芯片等技术手段即可。

对于传统家居行业来说，物联网的价值不仅仅在于"物"，而应该是"传感器互联网"，即作为物联网的根的传感器向作为主干的互联网收集和提供各种数据信息。这些数据信息不仅能够为传统家居领域的领导者提供之前商业上无法可见的深入洞察信息，还能在家居环境中提升人的重要作用，更能进一步提高传统家电行业在物联网时代能够利用起来的硬件制造优势。

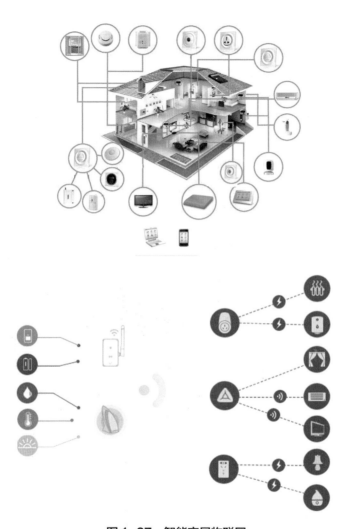

图 1-27 智能家居物联网

1.4.2 传统家居与智能家居的区别

智能家居的目标是发展全无线技术，包括感知、通信等，不仅功耗低，而且连接可靠稳定、通信安全、能自我修复、操作简单、扩展能力强。而传统家居采用的都是有线的方式，不仅需要专业人员施工、专门公司维护，而且施工周期长，施工费用高，项目建成后，系统的维护维修较难、扩展能力低，也根本无法更新升级，让消费者苦不堪言。

智能家居用户能够利用智能手机或平板等移动终端远程控制家中的各类设备，实现联动控制、场景控制、定时控制等功能，如图 1-28 所示。例如，一个软件平台就能控制家中所有的电器，可以实现自动煮饭，自动打开空调、热水器，每天晚上，让所有的窗帘都定时自动关闭。而传统家居依然是一对一分散式的机械开关方式。

图1-28　智能手机即可实现各种功能

智能家居和家庭自动化为人们的生活带来了更多的便利，为人们营造了舒适、高效、安全的家居环境，使家庭生活上升到一种系统管理。不仅如此，随着物联网、云计算、大数据、人工智能、人机交互等技术的发展和应用，智能家居日后会更加注重感知、探测和反馈能力，不仅能根据用户的年龄阶层、兴趣爱好、生活习惯以及住宅环境等基本信息，有针对性地呈现各类智能化功能，还能通过人机交互方式，提供更多的人性化服务。在未来，智能家居将自动感应到用户的需求，无须动作，就可以自动提供一切服务。在智能家居带来的便利生活下，用户可以实现真正意义上的纯粹享受。

1.4.3 传统家电变革的优势

在智能家居大爆发的时代，很多企业都想在智能家居领域分一杯羹。这些企业包括大型互联网企业、传统家电企业、安防楼宇对讲企业、物联网创业企业等。在众多向智能家居领域转型变革的企业中，传统家电企业占据着一定的优势，如图 1-29 所示。而且，传统家电企业也来到了变革的临界点，智能家居的赋能对于传统家电来说是革命性的，传统家居也将拥抱这类变化，从而转型成为智能企业。

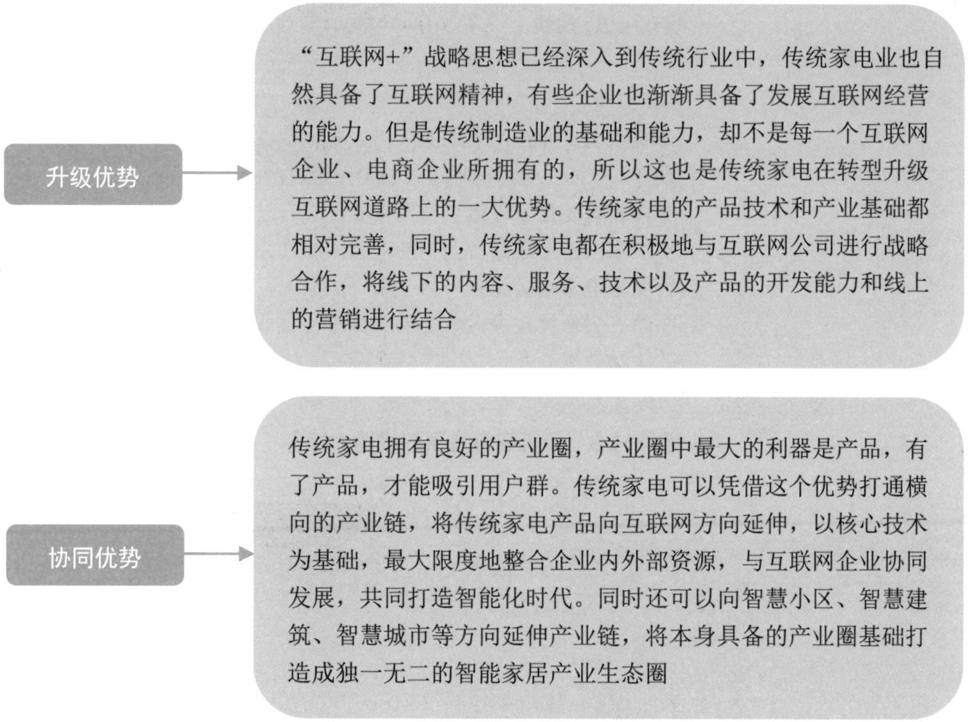

升级优势 ▸ "互联网+"战略思想已经深入到传统行业中，传统家电业也自然具备了互联网精神，有些企业也渐渐具备了发展互联网经营的能力。但是传统制造业的基础和能力，却不是每一个互联网企业、电商企业所拥有的，所以这也是传统家电在转型升级互联网道路上的一大优势。传统家电的产品技术和产业基础都相对完善，同时，传统家电都在积极地与互联网公司进行战略合作，将线下的内容、服务、技术以及产品的开发能力和线上的营销进行结合

协同优势 ▸ 传统家电拥有良好的产业圈，产业圈中最大的利器是产品，有了产品，才能吸引用户群。传统家电可以凭借这个优势打通横向的产业链，将传统家电产品向互联网方向延伸，以核心技术为基础，最大限度地整合企业内外部资源，与互联网企业协同发展，共同打造智能化时代。同时还可以向智慧小区、智慧建筑、智慧城市等方向延伸产业链，将本身具备的产业圈基础打造成独一无二的智能家居产业生态圈

图 1-29　传统家电变革的优势

数据优势

不论是传统企业还是互联网企业，最重要的还是消费群体，这里的数据优势指的是传统家电在构建品牌优势的同时，还积累了大量用户的基本信息以及用户的生活数据。将这些数据建成数据库，形成一个整体的数据分析系统，一方面能够根据用户的基本信息制造满足大众需求的个性化产品；另一方面当传统家电想要进行转型升级的时候，这些基本信息和生活数据能够帮助传统家电企业进行产业链的延伸，并挖掘出新的营销模式来更好地满足大众

渠道优势

与互联网企业主要通过线上渠道进行销售不同，传统家电企业主要以线下销售为主，传统家电的线下销售渠道让其拥有了更多更广的用户体验群体。同时，未来在发展智能家电的战略合作上，可以充分发挥其线下为消费者提供咨询、送货、安装、质检、维修、调试的优势，把售后服务做到极致，与互联网企业实现 O2O 的线上线下的互动销售、宣传模式

产品优势

传统家电企业在产品上的优势主要体现在企业拥有产品本身的设计、技术、生产、制造和营销渠道，产品不论是从外观设计、零件制造还是零件组装技术方面都具有过硬的质量保证；同时，传统家电企业还具备完整的产品策略和完整的产业链，可以将智能家电策略实施到一些小家电产品上，并且借助计算机、物联网、大数据技术对单个的产品进行集成组合，实现产品之间的联动效果

图 1-29　传统家电变革的优势（续）

第 2 章

落地：智能家居生活构成与场景

学前
提示

近年来，智能家居给人类社会带来了一次又一次的惊喜。现在，智能家居正在大踏步走进我们的生活中。根据有关数据显示，2017 年我国智能家居市场规模为 3254 亿元。未来三年时间内，智能家居市场规模还将继续增长 2564 亿元。

- 智能家居的场景模式
- 展望未来的智能社区与城市
- 智能生活的组成

2.1 智能家居的场景模式

现阶段，已经有了非常多的智能家居产品。它们既是人们智能生活的组成部分，也是完整的智能家居系统中的一部分。在一个完整的智能家居系统中，将各种功能进行联动，还能够实现多种智能生活场景。

2.1.1 起床模式

清晨睁开眼，音乐声缓缓响起，伴随着优美欢快的旋律，逐渐唤醒沉睡的细胞。窗台的窗帘自动拉开，一缕温暖的阳光洒到身上，美好的一天开始了，如图2-1所示。

图2-1　在音乐和阳光中醒来

卫生间的灯光已经调到合适的亮度，风扇已经开启，浴缸里放好了热水。用户可以舒服地洗个澡。站在智能镜子前整理着装，智能镜子会将用户不同的着装拍摄下来，传送到用户的手机中，供用户挑选、保存。离开时，智能家居感应到用户离开，即会关闭所有智能设备，如图2-2所示。

走进卧室，床铺已经自动铺好。来到更衣镜前，进入"试穿"模式，用户只要站在屏幕前就能试穿系统搭配好的各类服饰。如果不满意，只要轻轻一挥手，就能换成下一套，如图2-3所示。

在进行智能试衣时，如果有看中的衣服，就可以直接在网络上购买，快递也能在最短时间内送到用户家中。可以说，用户再也不用亲自去商场购买服装，可以直接在家中体验到高科技带来的便捷。

图 2-2　智能卫生间

图 2-3　智能试衣

穿戴好后，用户可以走进智能厨房，所有的智能设备将会自动工作，根据用户的指令，精致营养的早餐已经由智能家居机器人准备好，用户可以立刻享受这顿美妙的早餐，如图 2-4 所示。

早餐享受完毕后，智能家居机器人会主动收拾碗筷，无须用户担心日常餐具的清洗问题。

当然，现阶段大部分的智能家居还达不到这种要求。即使世界领先的科技企业发明的智能家居高端设备，也只能被少部分人所体验和拥有。

图2-4　早餐

2.1.2　离家模式

吃完早餐，通过平板电脑一键选择"离家"模式，背景音乐关了，灯光熄灭，窗帘关闭，安防模式开始启动，如图2-5所示。

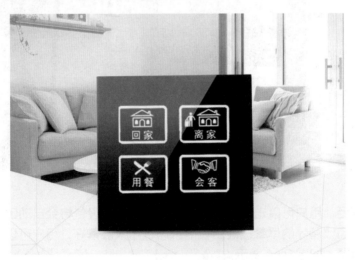

图2-5　选择"离家"模式

中午在办公室午休时，可以打开手机远程控制家中的摄像头，通过手机查看家中的情况，如图2-6所示。

图 2-6　远程查看家中情况

　　下班途中，可以通过手机提前打开空调、温湿度感应器，调节室内温度和湿度，创造一个舒适的家居环境，如图 2-7 所示。

图 2-7　远程控制家中电器

　　如果想回家泡个舒服的热水澡，可以提前设置热水器，到家后，就有热水洗澡了，如图 2-8 所示。

图 2-8　设置热水

2.1.3　回家模式

回到家，启动"回家"模式。安防系统自动关闭，窗帘打开，背景音乐再次缓缓响起，客厅的灯光被调到合适的亮度，电视打开，播放用户最喜爱的频道，空气中散发着淡淡香气，如图 2-9 所示。

图 2-9　回家模式

2.1.4　晚餐模式

累了一天，到了吃饭的时候了。用户只要一键打开"烹饪"模式，智能厨房的油烟机和排气扇就被打开，微波炉和热水壶的电源也被接通，用户准备好要烹饪的材料和调料，设置好烹饪方式，就可以坐在客厅等着晚餐的到来，如图 2-10 所示。

图 2-10 智能烹饪

晚餐准备好之后，选择"晚餐"场景模式。餐厅的灯光就会被调节到合适的亮度，背景音乐响起，一家人可以围坐在餐桌边享受美味了，如图 2-11 所示。

图 2-11 享用晚餐

2.1.5 家庭影院模式

吃完晚餐，一家人打算一起看电影。只要一键打开"家庭影院"模式，灯光就会调暗，音响被打开，美好的影院时光就开始了，如图 2-12 所示。

图 2-12　家庭影院时间

2.1.6　晚安模式

　　将室内情景调节为"晚安"模式，系统就进入睡眠模式。窗帘合上，人体感应灯进入工作状态，监视报警系统进入"夜视"模式，如图 2-13 所示。

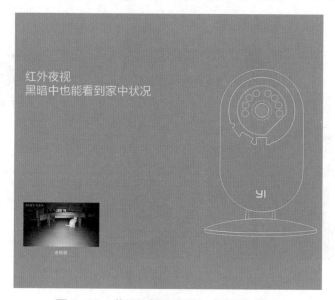

红外夜视
黑暗中也能看到家中状况

YI

图 2-13　监视报警系统进入"夜视"模式

　　进入"晚安"模式之后，灯光设备将关闭，空调设置健康睡眠曲线，温湿度测量仪打开。当空气过于干燥时，空调自动关闭，让用户安然入眠，如图 2-14 所示。

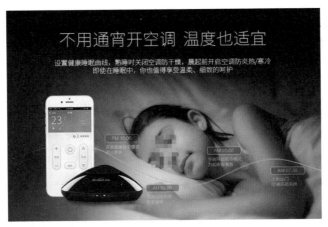

图 2-14 空调设置健康睡眠曲线

2.2 展望未来的智能社区与城市

智能家居与人们的生活息息相关，已经深入人们生活的方方面面，有一个优异完整的智能家居设计系统，才能从公共服务、城市建设、政务管理、文化体教、业务服务、医疗保健、交通安全等方面给用户打造一个智能、高效、舒适、便利的生活生态圈。

未来，智能社区和智能城市肯定会是城市发展的趋势，每个社区是智能城市中的单元，而智能家居又是智能社区的基础单元，可以说，智能家居就是智能社区建设的核心。智能社区与智能家居相辅相成，智能家居的实现为加速建设智能社区提供了有利条件，智能社区为智能家居的实现提供了一个大背景。

2.2.1 智能家居的环境支持

过去几年，对于智能家居来说，从无到有的探索依然充满了许多的未知，智能家居的发展也得到了政策的大力支持。特别是对于智能家居的三驾马车——大数据、人工智能和人机互动来说，都在环境的影响下高速发展着。

政府各相关单位在 2017 年颁布了多条关于人工智能的政策，其中大多强调要促进人工智能发展，进一步抢占人工智能全球制高点，具体政策如图 2-15 所示。

在政策的支持下，智能家居的未来有了稳定而长久的实现基础。这对于智能家居行业，无疑是巨大的利好消息。在这个知识边界越来越模糊的融合时代，行业的边界逐渐被打破，智能家居将享受到相关行业的一切利好因素，从而加速自身发展。

《关于促进移动互联网有序健康发展的意见》	→	加快布局人工智能关键技术，加快移动芯片、移动操作系统、智能传感器、位置服务等核心技术突破和成果转化
《新一代人工智能发展规划》	→	部署构建中国人工智能发展的先发优势，加快建设创新型国家和科技世界强国，提出了"三步走"的战略目标
《促进新一代人工智能产业发展三年行动计划（2018—2020年）》	→	把握人工智能发展趋势，推动新一代人工智能技术的产业化和集成应用，发展高端智能产品，提高制造业智能化水平，推动人工智能与实体经济深度融合

图 2-15　人工智能相关政策

2.2.2　智能家居未来打造智慧社区

什么是智慧社区？智慧社区是利用物联网、云计算、移动互联网、信息智能终端等新一代信息技术，通过对各类与居民生活密切相关信息的自动感知、及时传送、及时发布和信息资源的整合共享，实现对社区居民"吃、住、行、游、购、娱、健"生活7大要素的数字化、网络化、智能化、互动化和协同化，让"五化"成为居民工作、生活的主要方式，为居民提供更加安全、便利、舒适、愉悦的生活环境，让居民生活更智慧、更幸福、更安全、更和谐、更文明，如图2-16所示。

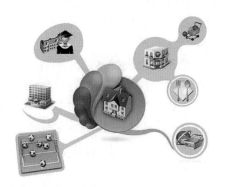

图 2-16　智慧社区

而构建智慧社区需要多方面的信息化、自动化、智能化的服务，主要包括两个方面，具体介绍如下。

1．智慧社区服务系统需求

智慧社区服务系统需求主要有以下几点。

1）社区物业管理

随着我国市场经济的快速发展和人们生活水平的不断提高，简单的社区服务已经不能满足人们的需求。如何利用先进的管理手段，提高物业管理水平，是当今社会所面临的一个重要课题。要想提高物业管理水平，必须全方位地提高物业管理意识。只有高标准、高质量的社区服务才能满足人们的需求。面对信息时代的挑战，利用高科技手段来提高物业管理无疑是一条行之有效的途径。在某种意义上，信息与科技在物业管理与现代化建设中显现出越来越重要的地位。物业管理方面的信息化与科学化，已成为现代化生活水平步入高台阶的重要标志。

在社区，由于管理面积大、户数多、物业管理范围广、管理内容繁杂，社区物业管理成为需要解决的大问题。而社区物业管理中一项重要的工作是计算、汇总各项费用。社区物业由于费用项目较多、计算方法繁重、手工处理差错率较高，同时查询某房产资料或业主资料往往也需要较长时间，给物业管理者的工作带来了诸多弊端。因此物业公司需要采用计算机进行物业管理。根据社区具体情况建立的信息化系统在实施后，该系统能够满足小区住户资料保存、财产资源统计、缴费通知、收费管理、工程管理、日常的报表查询、社区服务、系统设置等方面的需求。

2) 社区"一卡通"

为使社区管理科学化、规范化、智能化，为业主提供更加周到细致的服务，社区管理"一卡通"应当具有如图 2-17 所示的功能。

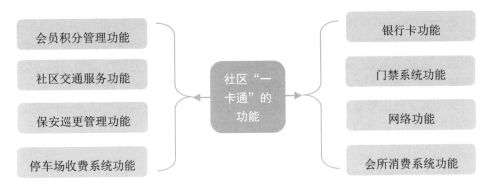

图 2-17 社区"一卡通"功能要求

并且所有数据应通过网络交互，且系统应具有扩展性，为以后几个社区之间的互联互通做准备。

3) 社区通信基础设施

社区通信基础设施需求主要有如图 2-18 所示的几点。

4) 社区网格化管理

越来越多的社会管理服务工作需要街道社区完成。同时，由于居民生活方式、培训教育方式、就业方式的转变和网络技术的普及应用，社区居民对社区服务的需求越来越多，要求越来越高，信息技术成为创新管理模式、提高服务水平的重要手段。

社区综合布线系统 → 为实现社区管理自动化、通信自动化、控制自动化，保证社区内各类信息传送准确、快捷、安全，最基本的设施就是社区综合布线系统。可以说综合布线系统是智能社区的神经系统。实现这个系统的实质，是将社区中的计算机系统、电话系统、自控监控系统、保安防盗报警系统、电力系统等的整合成一个结构完整、设备接口规范、布线施工统一、管理协调方便的体系

多网融合 → 随着科技的进步，尤其是数字通信技术的飞速发展，以及市场需求导向的不断提升，具有高稳定性能、高扩展性能、高性价比的数字设备越来越被人们所青睐。结合其他的工程实例，从目标客户(业主)群体需求、投资方(房地产)需求、工程商建设、物业管理需求、各方长远发展需求等五个方面看，"多网合一"系统是发展的必然趋势

图 2-18　社区通信基础设施需求

在一些社区中，职能部门为一些单项工作安装了软件系统。但在实际应用中，存在底层数据采集口径不一，各系统间信息不能共享、互不兼容等现象，导致底数不清、数据不实等问题，进而导致基层多头管理、重复劳动、重复投资、效率低下等现象。系统功能与实际工作相互脱离，严重阻碍社区工作。

三维数字社区管理是"民情流水线"的亮点之一，是实现社区管理数字化、信息化的基础，也是改变传统管理模式的基础。

2. 智慧社区的安防体系

智能安防与传统安防的最大区别在于智能化、移动化。传统安防对人的依赖性比较强，非常耗费人力。而智能安防能够通过机器实现智能判断，从而实现人想做的事，且智能安防正向着移动化提升。智能安防随着物联网的发展，实现其产品及技术的应用，也是安防应用领域的高端延伸，智能安防的实现要依靠智能安防系统。

安防技术的发展能够促进社会的安宁和谐。智能化安防技术随着科学技术的发展与进步，已迈入了一个全新的领域。物联网分别在应用、传输、感知 3 个层面为智能安防提供可以应用的技术内涵，使得智能安防实现了局部的智能、局部的共享和局部的特征感应。

安防系统是实施安全防范控制的重要技术手段，在当前安防需求膨胀的形势下，其在安全技术防范领域的运用也越来越广泛。随着微电子技术、微计算机技

术、视频图像处理技术与光电信息技术等的发展，传统的安防系统也正由数字化、网络化，而逐步走向智能化。

物联网技术的普及应用，使得城市的安防从过去简单的安全防护系统向城市综合化体系演变。城市的安防项目涵盖众多的领域，有街道社区、楼宇建筑、银行邮局、道路监控、机动车辆、警务人员、移动物体、船只等。特别是针对重要场所，如机场、码头、水电气厂、桥梁大坝、河道、地铁等，引入物联网技术后可以通过无线移动、跟踪定位等手段建立全方位的立体防护。

1) 智能安防的特点

智能安防的特点如图 2-19 所示。

| 数字化 | 信息化与数字化的发展，使得安防系统中以模拟信号为基础的视频监控防范系统向以全数字化视频监控系统发展，系统设备向智能化、数字化、模块化和网络化的方向发展 |

| 集成化 | 安防系统的集成化包括两方面，一方面是安防系统与小区其他智能化系统的集成，将安防系统与智能小区的通信系统、服务系统及物业管理系统等集成。这样可以共用一条数据线和同一计算机网络，共享同一数据库。另一方面是安防系统自身功能的集成，将影像、门禁、语音、警报等功能融合在同一网络架构平台中，可以提供智能小区安全监控的整体解决方案，诸如自动报警、消防安全、紧急按钮和能源科技监控等 |

图 2-19　智能安防的特点

2) 安全防范系统的应用

智慧社区安全防范系统的应用主要有如图 2-20 所示的几个方面。

| 楼宇对讲 | 楼宇对讲系统是由各单元门口安装的单元门口机与防盗门、小区总控中心的物业管理总机、楼宇出入口的对讲主机、电控锁、闭门器及用户家中的可视对讲分机通过专用网络组成的。能实现访客与住户对讲，住户可遥控开启防盗门，各单元梯口访客再通过对讲主机呼叫住户，对方同意后方可进入楼内，从而可以限制非法人员进入 |

图 2-20　智慧社区安防系统应用

视频监控

为了更好地保护财产及小区的安全，根据小区用户实际的监控需要，一般都会在小区周边、大门口、住宅单元门口、物业管理中心、机房、地下停车场、电梯内等重点部位安装摄像机。监控系统可以是将视频图像监控、实时监视、多种画面分割、多画面分割显示、云台镜头控制、打印等功能有机结合

停车管理

停车管理系统是指基于现代化电子与信息技术，在小区的出入口处安装自动识别装置。通过非接触式卡或车牌识别来对出入此区域的车辆实施判断识别、准入/拒绝、引导、记录、收费、放行等智能管理。其目的是有效地控制车辆的出入，记录所有详细资料并自动计算收费额度，实现对场内车辆与收费的安全管理

周界报警

随着现代科学技术的发展，周界报警系统成为智能小区必不可少的一部分，是小区安全防范的第一道防线。为了保障住户的财产及人身安全，它能迅速而有效地禁止和处理突发事件，在小区周边的非出入口和围栏处安装红外对射装置，组成不留死角的防非法跨越报警系统

电子巡更

传统的巡检制度的落实主要依靠巡逻人员的自觉性，管理者对巡逻人员的工作质量只能做定性评估，容易使巡逻流于形式。电子巡检系统可以使人员管理更加科学化和准确。将巡更点安放在巡逻路线的关键点上，保安在巡逻的过程中用随身携带的巡更棒读取自己的人员点，然后按线路顺序读取巡更点，通过这些记录可以真实地反映巡逻工作的实际完成情况

门禁管理

用智能卡代替传统的人工查验证件放行、用钥匙开门的落后方式，系统自动识别智能卡上的身份信息和门禁权限信息。持卡人只有在规定的时间和在有权限的门禁点刷卡后，门禁点才能自动开门放行允许出入，否则对非法入侵拒绝开门并输出报警信号。由于门禁权限可以随时更改，所以不存在用钥匙开门的被盗用风险

图2-20 智慧社区安防系统应用（续）

2.2.3　智慧城市也不再遥远

随着城市化的深入，新型城镇化建设对于城市发展提出了更多的要求。且随着经济水平的提高，人们对于基础设施建设和管理水平的提升有了更高的诉求。如何让城市建设更好地满足人们的需求、提供更为先进高效的基础设施服务等问题成为智慧城市概念诞生的基础。

目前全球约有 1000 多个城市正在推动智慧城市的建设，其中亚太地区约占 51%，以中国为首。2015 年国家试点总数达 277 个，城市工信部公布试点名单也多达 140 多个。目前太原、广州、徐州、临沂、郑州等已初步完成设计，中国智慧城市建设已由概念转为具体落实，将开始进入高速发展期。

而"智慧城市"本身就是一个生态系统，城市中的市民、交通、能源、商业、通信、水资源等就是"智慧城市"的一个个子系统。这些子系统形成了一个普遍联系、相互促进、彼此影响的整体，形成了人们的生活圈，如图 2-21 所示。

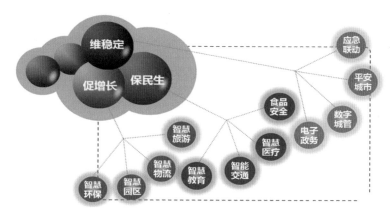

图 2-21　智慧城市生态系统

那么当前智慧城市的建设，应该加强哪些管理应用创新？

1.　体制创新

城市管理体制，是智慧城市信息化建设总体设计需要参照的重要依据。只有着力于管理体制基础上的信息化开发，信息化软件才有生命力。

长期以来，信息技术在服务城市管理中，更多着力于某个具体领域的应用开发，较少从优化体制的角度去开发，导致各个应用软件之间功能的关联度不强。

就拿重庆市目前的情况来举例，有《数字化城市管理应用软件》等管理类系统，有《"12319"热线投诉系统》等市民监督类系统，有智能路灯管理等业务类系统，有各类公文处理的内部管理系统，但各类系统之间基本上数据无法共享，流程无法互动且相互重复，功能关联度不强，整体应用效果较差。

这些问题产生的原因，主要还是没有从体制优化的角度出发去整体设计和开发软件。那么当前智慧城市建设应该怎样从体制优化的角度去总体布局？

为适应当前城市管理体制方面的重大变革，智慧城市应该建立政府监管、社会组织服务、协会自治的新体制。根据体制的变化，智慧城市的信息化建设应该注意以下3点，如图2-22所示。

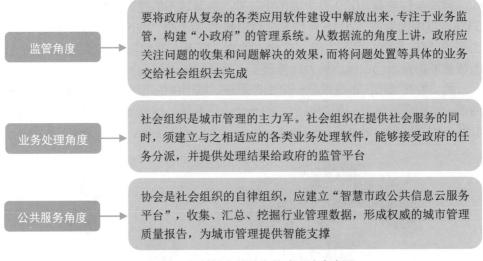

图2-22 智慧城市的信息化建设注意事项

2. 机制创新

认识自身规律是城市智能化的前提。遵循城市规律的智慧城市能优化资源。智慧城市建设的思路是研究城市发展的规律，建立相应的机制，用智能的技术实现机制。

建设智慧城市要着力探索城市管理的规律，做到：让交通系统告诉车主道路和停车的动态，让市政设施智能降能耗，让城管执法及时知道哪里有小摊小贩，让路灯能感知日月阴晴，让化粪池能随时"体检"，让垃圾箱能及时"减负"。

具体来讲，要抓好如图2-23所示的3个方面的工作。

3. 制度创新

比如兰州市"民情流水线"系统，该系统对残疾人开展了"与你同行"服务，对学生提供"四点半"无忧服务。分析这个系统发现，它没有所谓的高新技术，更多的是制度的创新。但正是制度的创新，让市民感受到城市的美好、便捷、人性化。

为此，智慧城市的建设要将"以人为本"作为出发点和归宿点，加强制度创新，体现管理智能。智慧城市的落实应从智慧城市理念的提出开始，从规划的角度进行城市整体的布局并预留出后续落实的空间，以规划指标作为该理念落实的保障。智慧城市的发展还应依靠拥有先进技术的科技企业，利用市场化的机制，推动最为先进的技术直接落实到城市建设中去。最终在科技的引领下，以相关政策进行推动，将融合了智慧市政理念的城市规划作为城市管理者的管理手段，有目标、有步骤地推动城市基础设施向更为高效、可靠、智能的方向发展。

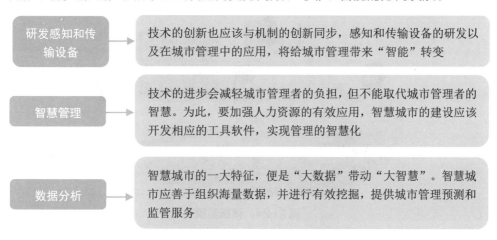

研发感知和传输设备	技术的创新也应该与机制的创新同步，感知和传输设备的研发以及在城市管理中的应用，将给城市管理带来"智能"转变
智慧管理	技术的进步会减轻城市管理者的负担，但不能取代城市管理者的智慧。为此，要加强人力资源的有效应用，智慧城市的建设应该开发相应的工具软件，实现管理的智慧化
数据分析	智慧城市的一大特征，便是"大数据"带动"大智慧"。智慧城市应善于组织海量数据，并进行有效挖掘，提供城市管理预测和监管服务

图 2-23　智慧城市机制创新要抓好的工作

2.3　智能生活的组成

在万物互联的大环境下，构建智能化、人性化的智能家庭已经不是大问题，而多年前关于未来智能家庭生活的美好构图正在逐步成为现实。如今，智能生活已经成为基于人工智能打造的一种全新智能化生活方式。其依托大数据技术，以自动服务为基础，在融合家庭场景功能、挖掘增值服务的指导思想下，采用主流的无线通信渠道，配合丰富的智能家居终端，带来了新的生活方式。本节笔者为大家介绍构成智能生活的主要要素。

2.3.1　娱乐生活的创新——体感游戏

科技的进步使人们的生活节奏日益加快。在如此快节奏的生活下，人们的身体和精神极易疲劳，尤其是精神上，当社会给予的约束难以释放时，大多数人会选择虚拟世界，通过游戏解压。

而随着虚拟现实等技术的发展，如果你还仅限于 PC 端的网络游戏或手机端的移动游戏，那么你就落伍了。传统的互联网游戏存在诸多的弊端，尤其是对玩家的心理和生理的不好影响是众人皆知的。那么在物联网时代的智能生活，又会为家庭娱乐带来哪些创新呢？

随着移动终端功能的逐步完善，再加上与其他智能硬件的结合，体感游戏正在进入平常人的生活，成为家庭娱乐重要的组成部分。体感游戏，顾名思义，就是用身体去感受的电子游戏。突破以往单纯以手柄按键输入的操作方式，体感游戏是一种通过肢体动作变化来进行操作的新型电子游戏，如图2-24所示。

图2-24　体感游戏

现在只要利用自己的移动终端，通过无线网或蓝牙就可以直接进行游戏控制，试想一下，通过虚拟现实技术体验雄鹰翱翔于天际的独特视角，或是置身于球场和NBA明星打一场篮球赛，抑或是足不出户体验异域风情。

一款名为"AIWI体感游戏"的手机应用就是这方面的代表。AIWI体感软件是可以将智能手机化身为体感游戏手柄的专业软件。智能手机及电脑端安装AIWI软件后，通过无线连接，马上可以直接操作控制电脑并且开心地游玩AIWI体感游戏平台上的游戏，如图2-25所示。

图2-25　AIWI体感游戏

该款游戏不仅能够给用户带来娱乐，也能让用户在娱乐的同时锻炼身体。对于日益忙碌、运动量越来越少的现代人来说，体感游戏能够让客厅秒变健身房。

体感游戏就是建立在移动物联网的基础之上的一种家庭娱乐游戏模式，它将体感感应设备作为游戏控制设备，通过 WiFi 与游戏运行设备，如智能电视、笔记本电脑进行连接，从而实现对游戏的控制，带来不同的游戏体验。

2.3.2　家庭生活的关爱——贴心机器人

生活节奏的加快，导致年轻人疲于工作，忽略了身边的家人，甚至不远千里背井离乡，而且越来越多的老年人处于"空巢"或"独居"状态，生活上需要有人照料。

随着智能机器人技术的发展这一状况得到了改善，通过智能机器人不仅可以实时通话，还可以通过智能机器人做出各种动作。纵是一言不发，默默通过视频看着我们工作，父母也会得到满足。并且随着科技的发展，通过智能机器人，甚至还可以像陪伴在亲人身边一样，给他们贴身的关怀。

例如，国内的智能机器人公司优必选，很早就开始尝试利用智能机器人实现用户之间的联系。其中悟空机器人无疑是优必选公司进军智能家居领域最大的亮点。图 2-26 所示为优必选悟空机器人。

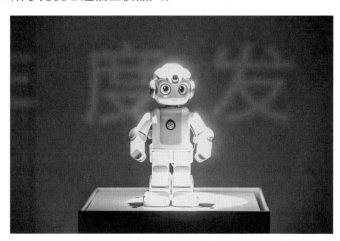

图 2-26　优必选悟空机器人

优必选悟空机器人采用了自己研发的机器人操作系统 ROSA，并搭载了人工智能技术，相当于一个具有初级智能的智能家居设备，能够根据用户不同的动作和命令做出相应的反应。现阶段，优必选悟空机器人可以让越来越多的人感受到陪伴的温暖。

图 2-27 所示为优必选悟空智能机器人的功能。

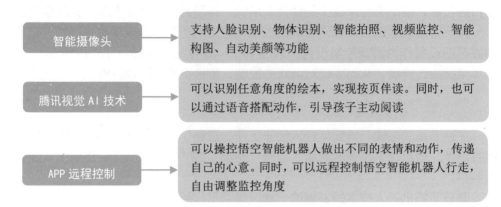

图 2-27　优必选悟空智能机器人的功能

2.3.3　环境污染的改善——空气净化

"雾霾"已成中国最广泛关注的大事件，糟糕的环境严重地影响着我们的身体健康，长时间暴露在有污染的室内环境中，对我们的身体百害而无一利。大环境我们一时难以改变，但是自己的家，你是拥有完全控制权的——通过智能生活产品你可以改善自己的"一亩三分地"。

空气中的许多污染物很难通过肉眼感知，但却可以依靠智能设备监测室内环境，不仅可以锁定污染物的来源，有效地改善空气质量，还能够通过对湿度、温度、二氧化碳、氧气浓度的智能调节，让我们一直处在最适宜的家居环境中。

智能空气净化器的投资案例接连不断，除了传统家电厂商涉足空气净化器领域外，互联网企业在智能家居领域的创新从未停止过。例如，墨迹天气这家天气应用公司推出了一款叫作"空气果"的智能家居硬件，可以说它就是一款可以测量天气和空气数据的小型个人气象站，如图 2-28 所示。

通过与墨迹天气 APP 相连后，用户可以在手机上一键监测空气果所在室内的健康级别，获得温度、湿度、二氧化碳浓度、PM2.5 浓度等值。通过空气果的数据与墨迹天气的室外数据进行对比，可以得出健康级别，如图 2-29 所示。

"空气果"具备一般移动物联网产品的连接功能，可以通过 WiFi 与手机的墨迹天气 APP 进行连接，随时了解室内环境的健康级别。

在智能家居不断进步的大环境背景下，智能化的空气净化器正在成为刚需产品，并有机会成为智能生活的突破口。当然，空气检测与净化还需要通过大数据形成从环境监测、数据收集到空气净化的良性循环，并以透明的价格被广大消费者所接受。

图 2-28　墨迹天气"空气果"

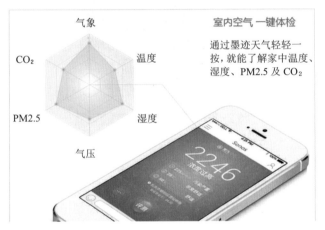

图 2-29　"空气果"的主要功能

2.3.4　家庭服务的体验——智能厨具

随着智能家居技术的发展，智能家庭服务不再是幻想，尤其是在人工智能不断发展的大环境下，智能家居终端设备已变得越来越灵活。

常下厨的人会有这样的体验：倘若一道料理需要花费很长时间慢火熬制，那么等待的时间并不轻松。你要时不时放下刚刚玩了一会儿的游戏、看了半集的连续剧，跑进厨房查看。智能家居的智能化理念，就是要让人们的生活更方便。于是，智能厨具解决了用户的"痛点"。

随着科技的发展，电饭煲的设计业愈加人性化。例如，市场上有的智能电饭煲的设计，就增加了一项婴儿粥功能，不仅可以烹饪出适合婴儿食用的粥，还附带语音功能。而在智能家居技术迅速发展的今天，电饭煲将更加智能，可以直接连接手机 APP，通过手机控制电饭煲，在回家之前开启电饭煲，回到家便能享受到美味、热气腾腾的米饭了，如图 2-30 所示。

图 2-30　手机 APP 控制电饭煲

例如，图 2-30 中的智能电饭煲不仅增加了用 LED 显示屏显示温度等功能，还可以煲汤、煮粥，全方位对米进行加热，保障米饭的营养不流失、米质均一、口感统一。可以说智能电饭煲已经打破了低端的魔咒，开始走向智能化。

随着万物互联的思维不断深入，使用智能家居控制中枢对智能家居进行远程控制的智能产品，将不断出现。

2.3.5　智能生活的健康——运动设备

可穿戴设备除了是人体功能的延伸外，同时也是智能生活的前哨产品，大多数设备都瞄准了个人健康管理、智能运动领域。例如跑步计步、紫外线检测、心率检测，越来越多的设备，都开始向智能运动领域发力。

伴随中国室内运动人群规模的增加，结合体感技术、为运动量身定做的智能硬件得到了越来越多的关注。各大厂商也正陆续推出新产品来适应这一变化的到来，纷纷推出记录人们运动的软硬件，当智能家居铸就了"宅生活"之后，也可以利用智能家居技术为用户提供一些健康运动的智能家居设备。

例如，接受小米投资的茄子科技就推出了 Move It 智能健身器，通过人工智能、大数据等技术来帮助用户锻炼。图 2-31 所示为 Move It 智能健身器。

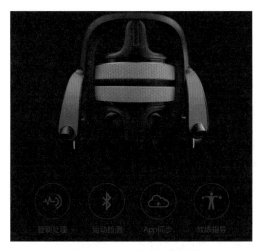

图 2-31　Move It 智能健身器

Move It 智能健身器可以通过蓝牙与手机相连，提供给用户多种运动选择和运动功能，具体如图 2-32 所示。

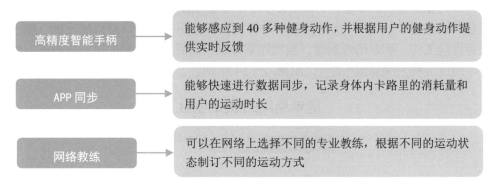

图 2-32　Move It 智能健身器的功能

2.3.6　智能能源的管理——智能插座

许多智能家居设备都需要接入云端 24 小时保持待机，你会心存疑虑——这样下来电费是否吃得消。作为智能生活，在能源控制方面不仅要做到智能，还要经济。所以，通过移动物联网能够根据情况自动切断待机电器的电源，既不影响正常生活，又能做到节能。

智能插座针对这种能源浪费和安全隐患方面提供了解决方案。智能插座集成了多种智能技术，将智能芯片嵌入到插座当中，能够让插座接收用户传来的信息并形成反馈，自动检测电流状况，最大限度地减少能源消耗并且杜绝安全隐患。

智能插座帮助人们实现了节能减排、绿色环保的目标。同时，智能插座也可以设定程序，让家电定时开关，如图 2-33 所示。

图 2-33　智能插座的定时开关功能

针对能源浪费的现象，小米发布了小米智能插座。小米智能插座最大的亮点，就是可以通过手机 APP 远程控制家电开关，回家路上就能让空气加湿器、电水壶等提前工作，到家倍感温馨。当然如果你出门以后发现家里的电器没有关，也可以通过远程控制插座来断电，如图 2-34 所示。

图 2-34　手机远程控制小米智能插座

除此以外，小米智能插座还有以下几大功能，如图 2-35 所示。

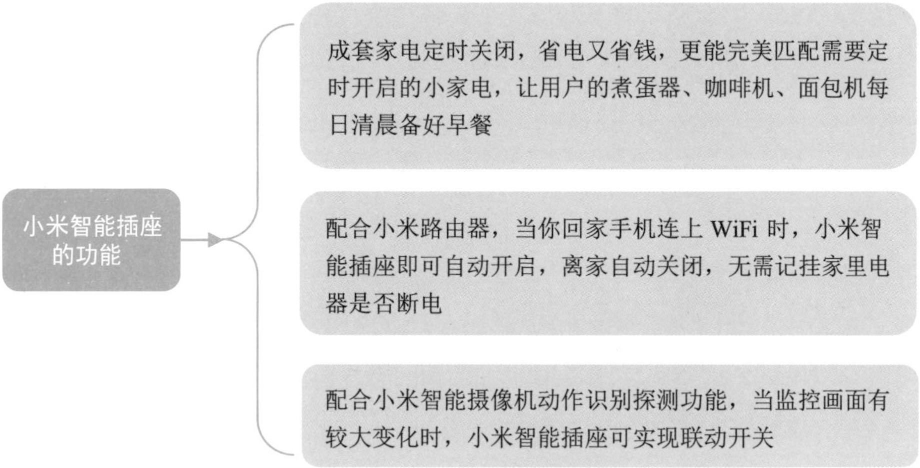

成套家电定时关闭，省电又省钱，更能完美匹配需要定时开启的小家电，让用户的煮蛋器、咖啡机、面包机每日清晨备好早餐

小米智能插座的功能

配合小米路由器，当你回家手机连上 WiFi 时，小米智能插座即可自动开启，离家自动关闭，无需记挂家里电器是否断电

配合小米智能摄像机动作识别探测功能，当监控画面有较大变化时，小米智能插座可实现联动开关

图 2-35　小米智能插座的功能

智能家居设备给人们的生活带来了很多便利，也让用户减少了很多危险。例如，忘记关闭电暖器可能会造成火灾，如图 2-36 所示。智能插座的出现，就再也不用担心家里的设备电源忘记拔掉而带来的危险了，可以自由控制电源的开关，尽可能杜绝意外的发生。

图 2-36　忘记关闭电暖器可能会造成火灾

第 3 章

启迪：国内外智能家居情况

学前提示

国外智能家居经过二十多年的发展，早已进入发达阶段。硅谷富裕家庭的日常生活，已经变成智能家居全覆盖的便捷生活。而国内智能家居的发展主要从 2014 年开始，经过一段时间的沉淀后，有一些智能家居单品进入普通人的生活当中。

- 国外智能家居情况
- 国内智能家居情况

3.1　国外智能家居情况

自从世界上第一幢智能建筑于 1984 年在美国出现后，美国、加拿大、欧洲、澳大利亚等经济比较发达的国家先后提出了各种智能家居方案。美国和一些欧洲国家在这方面的研究一直处于世界领先地位，日本、韩国、新加坡也紧随其后。

3.1.1　国外智能家居系统研发概况

在智能家居系统研发方面，美国一直处于领先地位。近年来，以美国微软公司及摩托罗拉公司为首的一批国外知名企业，先后进入智能家居的研发中，例如，微软公司开发的"未来之家"（如图 3-1 所示）、摩托罗拉公司开发的"居所之门"、IBM 公司开发的"家庭主任"均已成熟。

图 3-1　微软"未来之家"

新加坡模式的家庭智能化系统包括三表抄送功能、安防报警功能、可视对讲功能、监控中心功能、家电控制功能、有线电视接入功能、住户信息留言功能、家庭智能控制面板、智能布线箱、宽带网接入和系统软件配置等。

日本除了实现室内的家用电器自动化联网之外，还通过生物认证实现了自动门识别系统。用户只要站在入口的摄像机前，自动门就会进行自动识别，如果确认是住户，大门就会自动打开，不再需要用户拿钥匙开门。除此之外，日本还研发出了智能便器垫，当人坐在便器上时，安装在便器垫内的血压计和血糖监测装置就会自动检测其血压和血糖，如图 3-2 所示。同时洗手池前装有体重仪，当人在洗手的时候，就能顺

图 3-2　智能便器垫

便测量体重，检测结果会被保存在系统中。

澳大利亚的智能家居的特点是让房屋做到百分之百的自动化，而且不会看到任何手动开关，如一个用于推门的按钮，通过在内部装上一个模拟手指来实现自动激活。泳池与浴室的供水系统相通，通过系统能够实现自动加水或排水功能。下雨天，花园的自动灌溉系统会停止工作等。不仅如此，大多数监控视频设备都隐藏在房间的护壁板中，只有一处安装了等离子屏幕进行观察。在安防领域，澳大利亚智能家居也做得非常好，保安系统中的传感数量众多，即使飞过一只小虫，系统也可以探测出来。

西班牙的住宅楼外观大多是典型的欧洲传统风格，但其内部的智能化设计却与众不同。譬如当室内自然光线充足的时候，感应灯就会自动熄灭，减少能源消耗。屋顶上安装天气感应器，能够随时测得气候、温度的数据。当雨天来临时，灌溉系统就会自动关闭，而当太阳很强烈的时候，房间和院子里的遮阳棚会自动开启。地板上分布着自动除尘器，只需要轻按遥控，除尘器就会瞬间将地板上的所有垃圾和灰尘清除。可以说，西班牙的智能家居系统充满了艺术气息。

韩国电信这样形容他们的智能家居系统：用户能在任何时间、任何地点操作家里的任何用具，同时还能获得任何服务。比如，客厅里的影音设备，可以按要求将电视节目录制到硬盘上。同时电视机、个人电脑上都会有电视节目指南，录制好的节目可以在电视或个人电脑上随时播放欣赏。各种智能设备都可以成为智能家电的控制中心，例如智能冰箱不仅能够提供美味的食谱，还可以上网、看电视。卧室里装有家庭保健检查系统，可以监控病人的脉搏、体温、呼吸频率等症状，以便医生及时提供保健服务。韩国还有一种叫作 Nespot 的家庭安全系统，无论用户是否在家，都可以通过微型监控摄像头、传感器、探测器等，实时了解家中的状况。同时用户还能远程遥控照明开关，营造出一种有人在家的氛围。当远程发现紧急情况时，用户还可以呼叫急救中心。

3.1.2　国外智能家居推出自有业务

国外的运营商经过资源整合后，就会产生自有业务，推出自己的业务平台、智能设备以及智能家居系统。目前德国电信、韩国三星、德国海洛家电等企业已经构建了智能家居业务平台，有些公司例如 Verizon 则推出了自己的智能化产品，还有的公司通过把智能家居系统打造成一个中枢设备接口，整合各项服务，来实现远程控制。国外智能家居自有业务主要有以下几个代表。

1. 智能家庭业务平台——Qivicon

德国电信联合德国公用事业、德国易昂电力集团 (Eon)、德国 eQ-3 电子、德国梅洛家电、三星 (Samsung)、Tado(德国智能恒温器创业公司)、欧蒙特

智能家电 (Urmet) 等公司共同构建了一个智能家庭业务平台 Qivicon，主要提供后端解决方案，包括向用户提供智能家庭终端、向企业提供应用集成软件开发、维护平台等。

目前，Qivicon 平台的服务已覆盖了家庭宽带、娱乐、消费和各类电子电器应用等多个领域。据德国信息、通信及媒体市场研究机构报告显示，目前德国智能家居的年营业额已达到 200 亿欧元，每年以两位数的速度增长，而且智能家居至少能节省 20% 的能源。Qivicon 平台的服务一方面有利于德国电信捆绑用户，另一方面提升了合作企业的运行效率。

德国联邦交通、建设与城市发展部专家雷·奈勒 (Ray Naylor) 说："在 2050 年前，德国将全面实施智能家居计划，将有越来越多的家庭拥有智能小家。"良好的市场环境，为德国电信开拓市场提供了有利条件。

2. Verizon 提供多样化服务

Verizon 通过提供多样化服务捆绑用户，打包销售智能设备。Verizon 公司更是推出了自己的智能家居系统。该系统专注于安全防护、远程家庭监控及能源使用管理，可以通过电脑、手机等调节家庭温度、远程可视对讲开门、远程查看家里情况、激活摄像头实现远程监控、远程锁定或解锁车门、远程开启或关闭电灯和电器等，如图 3-3 所示。

图 3-3　Verizon 智能家居系统

3. AT&T 收购关联企业

在智能家居领域，AT&T 公司收购了 Xanboo。Xanboo 是一家家庭自动化创业公司。AT&T 联合思科、高通两家公司推出了全数字无线家庭网络监视业务，消费者可以通过手机、平板电脑或者 PC(台式电脑) 来实现远程监视和控制家居设备。AT&T 更是以 671 亿美元收购了美国卫星电视服务运营商 DirecTV，加速了在互联网电视服务领域的布局。

AT&T 的发展策略是将智能家居系统打造成一个中枢设备接口，既独立于各项服务，又可以整合这些服务。

3.1.3 国外终端企业平台化运作

目前市场上已出现了完全基于 TCP/IP 的家居智能终端。这些智能终端完全实现了原来多个独立系统完成功能的集成，并在此基础上增加了一些新的功能。而开发这些智能终端的企业就称为终端企业，在终端企业中，苹果 iOS 和三星属于翘楚。它们在智能终端领域开疆拓土，让更多的企业应用普及和深入参与业务成为可能。而智能终端作为移动应用的主要载体，数量的增长和性能的提高让移动应用发挥更广泛的功能成为可能。终端企业发挥产品优势，力推平台化运作的主要有以下几个代表。

1. 苹果 iOS 操作系统

苹果通过与智能家居设备厂商的合作，实现了智能家居产品平台化运作。作为苹果的智能家居平台，Home Kit 平台发布于 2014 年 6 月，它是 iOS 8 的一部分。用户可以用 Siri 语音功能控制和管理家中的智能门锁、恒温器、烟雾探测器、智能家电等设备，如图 3-4 所示。

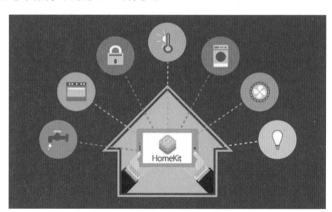

图 3-4　Home Kit 平台控制家中设备

不过，苹果公司没有智能家居硬件，所有硬件都是第三方合作公司，诸如 iDevices、Marvel、飞利浦 (PHILIPS) 等提供的。这些厂商在 iOS 操作系统上可以互动协作，各自的家居硬件之间可以直接对接。同时，Home Kit 平台会开放数据接口给开发者，有利于智能家居的创新。

苹果公司的举措有望让苹果的智能设备成为智能家居的遥控器，进而增强苹果终端的市场竞争力。

2. 三星 Smart Home 智能家居平台

三星集团推出了 Smart Home 智能家居平台，如图 3-5 所示。利用三星 Smart Home 智能家居平台，智能手机、平板电脑、智能手表、智能电视等可以通过网络与家中智能家居设备相连接，并控制智能家居，如图 3-6 所示。

图 3-5　三星推出 Smart Home 智能家居平台

图 3-6　三星 Smart Home 智能家居平台

但是，目前三星构建的 Smart Home 智能家居平台还处于较低水平。而且三星构建 Smart Home 智能家居平台，主要还是为了推广自家的家电产品。

3.1.4　谷歌收购加速布局智能家居

谷歌在智能家居行业的布局，既有收购企业，也有自主研发。例如谷歌以

32 亿美元收购了智能家居设备制造商 Nest。这一举措不仅让 Nest 名声大噪，也引发了业界对智能家居的高度关注。

Nest 的主要产品是自动恒温器和烟雾报警器，如图 3-7 和图 3-8 所示。但 Nest 并不仅仅只做这两个产品，Nest 还做了一个智能家居平台。

图 3-7　Nest 自动恒温器

图 3-8　Nest 烟雾报警器

在 Nest 智能家居平台里，开发者可以利用 Nest 的硬件和算法，通过 Nest API 将 Nest 产品与其他品牌的智能家居产品连接在一起，进而可以实现对家居产品的智能化控制。而且，Nest 支持 Control4 智能家居自动化系统，用户可以通过 Control4 的智能设备和遥控器等操作 Nest 的设备。由此，谷歌自身海量数据的优势加上 Nest 生产数据的优势，数据就可能被细化，从而提升用户的智能家居体验。

随后，谷歌又收购了 Dropcam 和 Revolv，第一家是 WiFi 摄像头厂商，第二家是智能家居平台开发商，收购这两家智能家居创业公司，让谷歌在家居市场上的份额进一步扩大，同时也让 Android @ Home 迈出了更坚实的一步。

现阶段，谷歌已经开始自己生产智能产品，例如智能手机 Pixel 3、智能音箱 Google Home 系列、智能笔记本 PixelBook 等。这些智能设备都可以整合进入智能家居系统中，成为智能家居系统控制中枢。谷歌在智能家居领域还将不断发力，并利用安卓平台的开放性来构建自身的智能家居生态系统。

　　未来，谷歌在布局智能家居领域时，还会优先在智能家居、智能家居硬件、可穿戴设备及智能汽车等方向上发展和延伸，特别是 Google Glass 和 Android Wear 等智能穿戴设备方向。图 3-9 所示为谷歌智能穿戴设备 Google Glass。图 3-10 所示为谷歌 Android Wear。

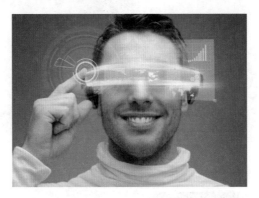

图 3-9　谷歌智能穿戴设备 Google Glass

图 3-10　谷歌 Android Wear

3.1.5 国外智能家居品牌介绍

智能家居成为各大企业的下一个风口，企业在寻找新的契机、新的增长点，创业者在寻找新的创业机会，资本和媒体在智能家居的背后助推。他们共同打造了未来成熟的智能家居的起点。本节笔者为大家介绍国外智能家居品牌榜。

1. 霍尼韦尔

霍尼韦尔国际 (Honeywell International) 是一家营业额达 300 多亿美元的多元化高科技和制造企业。在全球，其业务涉及航空产品和服务、涡轮增压器、楼宇和工业控制技术、汽车产品以及特殊材料等。

霍尼韦尔是一家从事自控产品开发及生产的国际性公司，公司成立于 1885 年。1996 年，霍尼韦尔被美国《财富》杂志评为最受推崇的 20 家高科技企业之一。公司在多元化技术和制造业方面占世界领导地位，其宗旨是以增加舒适感、提高生产力、节省能源、保护环境、保障使用者生命及财产从而达到互利增长为目的。

霍尼韦尔致力于为广大客户提供高价值的产品和创新型技术，主要为全球的楼宇、工业、航天及航空市场的客户服务。公司拥有多种专利产品为自身及客户带来了竞争优势。以顾客为中心的工作方针可以确保公司与顾客之间有着频繁的互动和简易的流程，并以此获得最大效率和最佳绩效。

霍尼韦尔公司以诚信的态度、优质的产品、精湛的服务和客户至上的原则，一步一个脚印地将其各个部门的顶尖技术和产品带到中国。如今，霍尼韦尔的创新技术又将这一理念全面带入了人们的家庭。

霍尼韦尔智能家居系统主要致力于向用户提供"一站式系统解决方案"，是一个基于以太网平台的，集安全、舒适、便利于一体的住宅智能化系统。它将所有的家电、灯光、温度调节、安保、娱乐等各种环境控制设备通过家庭网关连成一体，真正实现了家庭信息和控制的网络化，为人们创造了全新智能空间的同时，还使人们的生活更加轻松便捷，如图 3-11 所示。

2. Control4

美国 Control4 科技有限公司成立于 2003 年 3 月，总部位于美国犹他州盐湖城，是一家专业从事智能家居产品的研发、生产、销售的知名企业。Control4 目前在全球 50 多个国家和地区都设有经销商和办事机构。

Control4 的主要技术是 Zigbee 无线通信技术，titleZigbee 是一种无线数传网络，类似于 CDMA 和 GSM 网络。Zigbee 无线数传模块类似于移动网络的基站，通信距离支持无限扩展，这种技术目前被广泛用于自动控制和远程控制领域。Zigbee 设备之间可以互相转发信号，每一个设备都是信号的发射端和接收端。

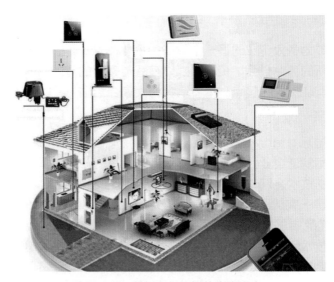

图 3-11　霍尼韦尔的智能家居方案

Control4 脱胎于快思聪，但早已超越了对方。Control4 将功能的演进依托于一套不断升级完善并发展的软件系统，改变了传统智能控制产品乏味单调的功能，从而在智能家居领域获得了不一般的成功。

titleControl4 提供了一整套有线、无线系列控制产品，先进的连接和控制方式，让工程施工人员可以在短短的几个小时内，将整套系统调试完成。同时模块化的产品，可满足用户的不同需要，用户可以轻松定制 Control4 系统，以适应自己独特的生活方式。Control4 通过对 Zigbee 工业自动化无线传输和自组网技术的成功家庭化应用，使得智能化控制系统终于可以简单地安装和扩展。

3.2　国内智能家居情况

随着智能家居概念的普及、技术的发展和资本的涌进，国内家电厂商、互联网公司也纷纷登陆智能家居领域。智能家居作为一个新生产业，处于一个导入期与成长期的临界点，市场消费观念还未形成。但正因为如此，国内优秀的智能家居生产企业愈来愈重视对行业市场的研究，特别是对企业发展环境和客户需求趋势变化的深入研究。一大批国内优秀的智能家居品牌迅速崛起，逐渐成为智能家居产业中的翘楚。但现阶段，国内智能家居的认知度还不高，主要购买人群集中在大城市和高收入高学历人群，没有形成广泛认知。

3.2.1　国内发展历程概况

智能家居至今在中国已经历了十几年的发展，从人们最初的梦想，到今天真实地走进我们的生活，经历了一个艰难的过程。智能家居在中国的发展经历了如图 3-12 所示的几个阶段。

| 萌芽期
（1994 至
1999 年） | 智能家居在中国发展的第一个阶段是萌芽期。当时整个行业处在熟悉概念、认知产品的状态中，还没有出现专业的智能家居生产厂商，只深圳有一两家从事美国 X-10 智能家居代理销售的公司有进口零售业务，产品也是大多销售给居住在国内的欧美用户 |

| 开创期
（2000 至
2005 年） | 智能家居发展的第二个阶段是开创期。当时国内先后成立了五十多家智能家居研发生产企业，主要集中在深圳、上海、天津、北京、杭州、厦门等地。智能家居的市场营销、技术培训体系逐渐完善起来，但由于这一阶段智能家居企业的野蛮成长和恶性竞争，给智能家居行业带来了极大的负面影响。因此行业用户、媒体开始质疑智能家居的实际效果，由原来的鼓吹变得谨慎，市场销售也出现了增长减缓甚至部分区域出现了销售额下降的现象 |

| 徘徊期
（2006 至
2010 年） | 到了徘徊期，国外的智能家居品牌暗中布局进入中国市场，如罗格朗、霍尼韦尔、施耐德、Control4 等。国内部分存活下来的企业也逐渐找到自己的发展方向，例如天津瑞朗、青岛爱尔豪斯、海尔、科道等 |

| 融合演变期
（2011 至
2020 年） | 进入 2011 年以来，市场明显看到了增长的势头，说明智能家居行业进入了一个拐点，由徘徊期进入了新一轮的融合演变期。接下来的三到五年，智能家居一方面进入一个相对快速的发展阶段，另一方面协议与技术标准开始主动互通和融合，行业并购现象开始出现并渐渐成为主流。智能家居在经历了 7 年发展后，至 2018 年呈现出领先企业互相竞争的格局，主要是互联网企业小米、腾讯、阿里巴巴、百度、京东等与传统家电企业海尔、格力、美的等的竞争 |

图 3-12　智能家居在国内的发展阶段

3.2.2　演变期下的发展布局

虽然智能家居的发展趋势已不可逆转。但从发展角度来说，国内运营商智能家居相较于国外运营商来说，发展布局依然略显迟缓。

1. 仍是初级阶段

目前，中国移动推出了灵犀语音助手 3.1，可以用语音实现对智能家居的操控，以语言识别切入智能家居，如图 3-13 所示。中国电信也推出了智能家居产品"悦 me"和智慧家庭，可以为用户提供家庭信息化服务综合解决方案，如图 3-14 所示。

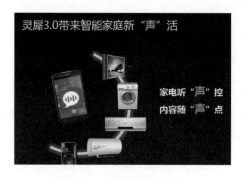

图 3-13　灵犀语音助手 3.0

图 3-14　中国电信推出"悦 me"

2. 平台化模式还不成熟

中国移动推出了"和家庭"，"和家庭"是面向家庭客户提供视频娱乐、智能家居、健康、教育等一系列产品服务的平台。而"魔百盒"是打造"和家庭"智能家居解决方案的核心设备和一站式服务的入口。不过，现阶段"和家庭"仅重点推广互联网电视应用，至于"和家庭"的一站式服务，还只是未来的方向及目标。

中国电信宣布了与电视机厂家、芯片厂家、终端厂家、渠道商和应用提供商等共同发起成立智能家居产业联盟，但智能家居的控制平台何时落地还尚不可知。

3.2.3　国内企业纷纷推出优势产品

国内的互联网企业纷纷依托自身的核心优势推出相关智能家居产品，规划智能家居市场。

1. 阿里巴巴依靠自有操作系统

2014 年中国移动全球合作伙伴大会上，阿里巴巴集团的智能客厅亮相展会。阿里巴巴的智能客厅是由阿里巴巴的自有操作系统阿里云 OS(YunOS) 联合各大智能家居厂商，共同打造的智能家居环境，内容包括阿里云智能电视、天猫魔盒、智能空调、智能热水器等众多智能家居设备。

阿里在智能家居领域与海尔联合推出了海尔阿里电视，主打电视购物的概念，如图3-15所示。海尔与阿里本次合作的成果是在互联网思维下对家居生态圈的战略布局。此外，国美也加入进来，其1000多家超级连锁店将为用户线下体验新品提供最佳场所，共同推进了最大O2O战略联盟落地。

图3-15　海尔阿里电视

2015年，目前国内家电行业规格最高的大型综合性展会——中国家电博览会召开之后，4月2日，阿里宣布成立阿里巴巴智能生活事业部，全面进军智能生活领域，将集团旗下的天猫电器城、阿里智能云、淘宝众筹3个业务部门进行整合，在内部调动各类资源，全面支持智能产品的推进，加速智能硬件孵化的速度，力争提高国内市场竞争力。其中，智能云负责为厂商提供有关技术和云端服务；天猫电器城主要为知名大厂家提供"规模化"的市场销售渠道；而淘宝众筹主要是为中小厂商甚至创业者提供"个性化"的市场销售渠道。阿里巴巴智能生活事业部将电商销售资源、云端数据服务和内容平台进行集成，旨在打通全产业链。

2017年6月，阿里巴巴更是设立了IoT合作伙伴计划联盟(IoT Connectivity Alliance)，简称ICA标准联盟，如图3-16所示。阿里巴巴希望借此实现快捷链接、快速复制的解决方案，实现物联网行业标准与物联网产品紧密结合，推动物联网行业规模化。2017年7月，阿里巴巴首次推出主打智能家居产品——天猫精灵，意图进入智能音箱市场，把天猫精灵打造成智能家居控制中心。

图 3-16　ICA 标准联盟

2. 京东早早布局智能家居

2014 年，京东便与智能语音及语言识别的龙头企业——科大讯飞共同成立了北京灵隆科技有限公司。并在 2015 年发布第一款智能音箱——京东叮咚智能音箱。

2016 年，京东正式发布京东微联"智慧家"战略，借此联合第三方产品公司提供统一的控制中心，如图 3-17 所示。

2018 年，京东联合科大讯飞推出多款智能音箱产品，意图让京东智能音箱成为智能家居控制中枢。

图 3-17　京东微联

3. 腾讯提供底层技术支持

腾讯依托腾讯云给各大智能家居厂商提供物联网通信底层技术支持，如图 3-18 所示。腾讯能够帮助厂商便捷实现设备与网络之间的数据通信，并进一步提供海量数据的存储、计算以及智能分析。

图 3-18 腾讯物联网通信技术

2018 年，腾讯也推出了自己的智能音箱——腾讯听听，内置 6 个麦克风和 2500mAh 的电池，十分便于携带。

4. 百度搭建开放平台

百度推出了天工合作伙伴计划，从连接、识别、储存、计算和安全等方面全方位的提供开放平台支持，能够建立各类智能物联网应用，从而促进行业变革。而且，百度的天工合作伙伴计划包括百度智能家居开放平台——度家，涵盖了多种智能家居设备，可以为用户提供智能家居设备的互联互通，如图 3-19 所示。

图 3-19 百度度家

3.2.4 传统家居业推出各类产品

传统家居制造企业也不甘落后，纷纷推出了自有品牌的智能家居产品。比如，海尔推出的"海尔 U-home"智慧居，如图 3-20 所示；美的推出的空气、营养、水健康、能源安防 4 大智慧家居管家系统；长虹推出的 ChiQ 系列产品，如图 3-21 所示；TCL 与 360 合推的智能空气净化器等，如图 3-22 所示。

图 3-20　海尔推出"海尔 U-home"智慧居

图 3-21　长虹推出的 ChiQ 系列产品

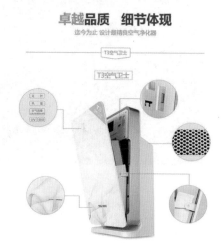

图 3-22　TCL 与 360 合推的智能空气净化器

　　而且，传统家居制造企业开始与互联网企业联手，合力布局智能家居市场。比如，美的与小米签署了战略合作协议，TCL 与京东开启了首款定制空调的预约，长虹推进与互联网企业合作的业务，阿里巴巴入股海尔电器公司等。

　　可见，未来传统企业与互联网企业相结合会成为一种必然趋势，如何保持双方的利益对等，将会成为摆在两者面前的一个重要课题。

3.2.5　国内智能家居品牌介绍

　　随着智能家居渐渐成为主流，越来越多的企业想要占领智能家居市场。国内也有很多企业纷纷布局转型，向智能家居业进军。本节笔者为大家介绍一些国内智能家居品牌。

1. 小米

　　小米公司正式成立于 2010 年 4 月，是一家专注于智能产品自主研发的移动互联网公司。小米手机、MIUI、小爱开放平台是小米公司旗下三大核心业务，小米公司首创了用互联网模式开发手机操作系统、"发烧友"参与开发改进的模式、国内智能家居生态链模式。

　　小米在智能家居领域的布局与小米路由器有着密不可分的关系，如图 3-23 所示。小米路由器的产品定义是：第一是最好的路由器，第二是家庭数据中心，第三是智能家庭中心，第四是开放平台。而从路由器第一次公测时标榜的"顶配路由器"到第三次公测时获得的"玩转智能家居的控制中心"称号中，我们看到了小米路由器已经实现了其最初的产品定义。

图 3-23　小米路由器

　　小米在智能家居领域的发展历程从 2013 年开始，2013 年 11 月，小米路由器正式发布；2014 年 5 月，小米电视 2 正式发布，如图 3-24 所示；2014年 10 月，小蚁智能摄像机、小米智能遥控中心、Yeelight 智能灯泡、小米智能插座等 4 款智能硬件发布；2014 年 10 月，小米智能家庭 APP 正式推出；

2014 年 12 月，小米空气净化器正式发布，如图 3-25 所示；2014 年 12 月，小米与美的集团达成战略合作协议，正式入股家电企业。

图 3-24 小米电视 2

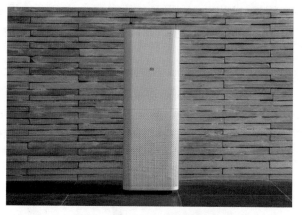

图 3-25 小米空气净化器

2015 年，小米在智能家居领域有了更频繁的动作：2015 年 1 月，在小米年度旗舰发布会上，小米智能芯首次亮相，同月，小米智能家庭套装也正式发布，如图 3-26 所示；2015 年 5 月，小米智能家居与正荣集团达成合作，并将合作项目落户在苏州幸福城邦项目上，同月，小米智能家居与成都仁恒地产达成合作，落地部署小米智能家居产品；2015 年 6 月，小米智能家居与金地集团达成合作，合作

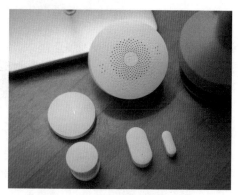

图 3-26 小米智能家庭套装

项目将实现全国近万家金地业主使用小米智能家居系列产品。

2017 年，小米 IoT 平台连接 1 亿多台智能设备，智能助手小爱同学月活跃用户高达 3400 万人，小米成功利用米家生态链形成智能家居闭环。目前，通过小米生态链中的众多智能设备，已经可以实现多设备之间的智能联动，其智能家居整体功能和应用场景也变得越来越丰富，并且小米也与多家企业建立了智能家居合作关系，具体如图 3-27 所示。

图 3-27　小米合作伙伴

2. 海尔

海尔在智能家居领域的探索和布局已经走在国内各企业的前端，作为智能家居产业的领导者，海尔颇具前瞻性地推出了全球第一个全交互性的智慧生活平台——海尔 U+ 平台。

该平台旨在建立统一的智慧协议标准，为用户提供空气、水、食品、娱乐及安全、健康、美食、洗护等生活元素一站式的智慧生活解决方案。目前，海尔 U+ 平台接入的智能产品品类已经超过 100 种，2015 年 3 月，海尔 U+ 智慧生活 APP 正式发布，如图 3-28 所示。

海尔 U+ 智慧生活平台为用户定制智能家居生活的集中入口，用户可以通过这一入口随时对自己的智能生活需求和智能家居进行设置和控制操作。不仅如此，海尔 U+ 智慧生活 APP 还面向全生态圈进行开放，和各大合作厂商一起实现在智慧生活时代的共赢。

海尔公司先后建立了强大的 U-home 研发团队和世界一流的实验室，拥有含近 20 名博士在内的高素质智能家电专业设计团队，从事智能家电、数字变频、无线高清、音视频解码、网络通信等芯片以及 UWB、蓝牙、RF、电力载波等技术的研发。海尔公司主要以提升人们的生活品质为己任，提出了"让您的家与世界同步"的新生活理念，不仅仅为用户提供个性化的产品，还面向未来提供多套智能家居解决方案及增值服务，U-home 就是一个具备系统整合功能的智能家居解决方案。

图 3-28　海尔 U+ 智慧生活 APP

不仅如此，海尔还与多家国际知名企业建立联合开发试验室，提出了智能家居、远程医疗、网络超市、故障反馈、智能安防、智能酒店等多项解决方案。凭借自身在各方面的实力和影响力，海尔一直跻身在智能家居行业前端。

3. 美的

创业于 1968 年的美的集团，是一家以家电业为主，涉足照明电器、房地产、物流等领域的大型综合性现代化企业集团，旗下拥有三家上市公司、四大产业集团，是中国最具规模的白色家电生产基地和出口基地之一。

1980 年，美的正式进入家电业，到目前为止，美的集团的主要产品涉猎甚广。在家用电器方面，有空调、冰箱、洗衣机、饮水机、电饭煲、电磁炉、空气清新机、洗碗机、消毒柜、抽油烟机、热水器等。在家电配件产品方面，有空调压缩机、冰箱压缩机、电机、磁控管、变压器等，是中国最大最完整的空调产业链、微波炉产业链、洗衣机产业链、冰箱产业链和洗碗机产业链等。2014 年 3 月，美的和阿里巴巴签订了云端战略合作协议，共同推出首款物联网智能空调，如图 3-29 所示。

这款物联网智能空调实现了家电产品的互通互联和远程控制，阿里云将提供海量的计算、存储和网络连接能力，并帮助美的实现大数据时代下的商业化应用。用户只要下载一个 APP 就可以通过手机对美的空调进行远程控制。其语音系统工作原理是：当用户对着手机发出语音指令时，这段指令就会被转换成数据流，然后通过网络传输到阿里云的智能控制中心，经过计算分析处理，又通过光纤和WiFi网络发送到美的空调的智能芯片中，最终空调就会按照指令行动。智能芯片会将各类数据进行记录，例如开关机时间、用电量、温湿度甚至包括PM2.5的数据等，然后将这些数据回传到阿里云的智能控制中心，用户可以随时查看。

图 3-29　物联网智能空调

美的空调和阿里云的技术合作，是运用互联网思维和技术促进传统家电行业的产业模式和运营模式的变更。同时，美的集团还发布了"M-Smart 智慧家居战略"，宣布将对内统一协议，对外开放协议，实现所有家电产品的互联、互通，这款物联网智能空调将是其智慧家居战略的进一步落地。

4. 格力

格力成立于 1991 年，是一家集研发、生产、销售、服务于一体的国际化家电企业。目前拥有格力、TOSOT、晶弘三大品牌，主营家用空调、中央空调、空气能热水器、手机、生活电器、冰箱等产品。

在我国的智能家居领域，就空调而论，虽然市场上正式销售的智能空调产品并不是很多。但是在格力、海尔、美的等各大品牌的广告宣传中，依然让人感到了智能空调时代已经来临。

作为智能空调领域的先行者之一，早在 2012 年，格力就和中国移动合作，研发出通过手机设备来远程操控空调运行的技术。这就是当时的物联网空调，也可以看作是智能空调的初级产品，其功能包括远程查询、开 / 关机、调节风速和噪声等。

格力已经推出旗舰产品全能王 -U 尊 smart 智能空调，如图 3-30 所示。该产品配置了"格力智能家电"系统的功能，标志着格力智能空调的大幕正式拉开。

图 3-30　格力全能王 –U 尊 smart 智能空调

　　对于格力全能王 –U 尊 smart 智能空调，可以通过在手机等智能操控终端安装"格力智能家电"APP，完成近程模式或远程模式的设置后，实现对空调的智能掌控，进行区域送风、节能导航、周定时、睡眠曲线定制、噪声定制以及"风吹人"或"禁止吹人"模式等功能操作。同时格力采取国际领先的双极压缩机，能够高效运行超强制冷热系统，如图 3-31 所示。

图 3-31　格力全能王空调高效运行超强制冷热系统

　　尤其值得一提的是，格力智能空调的睡眠曲线定制功能，是指人们可以在手机上用指尖轻触屏幕，在图形化工具中灵活改变睡眠温度曲线，让空调在整晚或是任意一段时间内按照自己的个性指令运行。

　　格力智能空调，可以使手机与空调实现双向实时通信，让人们无论身处多远，都可以随时掌控空调的运行状态，进行多样化的功能设定。

第 4 章

智能：人工智能让智能家居更加聪明

学前提示

科技在不断进步，从前在科幻故事里看到的智能型机器人也在一步步变成现实。人工智能，让所有电子设备都焕发出"第二春"，其中自然包括智能家居产业。或者说，人工智能的兴起才让智能家居行业有了存在的根本意义。

- 人工智能对智能家居的意义
- 智能家居中人工智能的主要应用
- 智能家居中人工智能的明星单品

4.1 人工智能对智能家居的意义

随着人工智能的不断发展，科技水平的不断提高，智能家居已经由科幻电影中的场景慢慢变成日常生活中的现实。在过去的一段时间里，人工智能正在无声无息地进入每一个智能家居产品中，并在众多的科技企业发展人工智能之时，智能家居也迎来了新一轮的风口。

4.1.1 人工智能在智能家居领域的现状

随着物联网时代的到来，智能家居也开始逐渐成熟，爆发出巨大的市场潜力。同时由于社会生产力的不断提高，人们的生活越来越好，对居住环境的要求也在不断提高。在这样的环境和条件下，智能家居成为一个新兴的朝阳行业。

智能家居行业的发展环境虽然良好，但大部分的智能家居产品依旧处于"伪智能"阶段。"伪智能"的智能家居有以下两个特点：

- 将普通家居产品增添一块感应器和传输装置，再开发一个手机 APP，便称为"智能家居"产品。
- 安装花哨而不实用的功能，一味在设计上增添卖点，智能控制反而不如动手操作来得方便。

现阶段，智能家居行业在经历了一段时间的发展后，许多智能家居产品并不能达到用户的预期，更多的是强调收集用户数据、上传用户数据等，缺少智能家居产品的自动反馈和体验升级，无法在真正意义上解决用户的需求。这也是所谓的"伪智能"智能家居产品。

例如，笔者曾在某电商平台看到一款智能面包机。该款面包机有定时开关、触摸屏控制的功能，勉强称得上智能。除此之外，不比其他面包机智能度高多少。在智能家居市场上，一些所谓的智能家居产品的智能度往往比较低，其智能概念只是吸引顾客进行消费的卖点，实际价格却比普通的家居电器要贵上许多。

还有些智能家居产品，像智能叉子、智能碗等，主要功能是提醒用户进食速度保持一致，完全是噱头大于实际需求，如图 4-1 所示。

正是这一类糟糕的用户体验，让用户对智能家居产生了失望情绪。真正的智能家居应有两大特点，下面笔者一一进行说明。

- 满足某一类特定的使用场景，家居家电产品本身有智能化的使用需求，而不是创造出智能化的伪需求。
- 将用户使用体验复杂的家居家电产品简单化，让使用变得快捷方便，而不是安装一个 APP 远程控制，让原本简单的事情变得更加复杂。

只有创造出符合用户使用习惯，能够自动反馈给用户有价值的信息和节省用户时间的智能家居产品，才称得上是真正意义上的"真"智能家居产品。

图 4-1　智能叉子

4.1.2　人工智能在智能家居领域的安全

随着智能家居和智能电子产品的普及，智能产品开始走进千家万户，但用户购买的智能家居产品和智能电子产品在连接上互联网之后容易成为不法分子的攻击目标，用于窃取信息和监视监听用户隐私，甚至威胁到用户的人身安全。人工智能技术在智能家居中由于不同的原因会引发不同的安全问题，具体如图 4-2 所示。

| 人工智能技术被不法分子利用 | 一旦人工智能技术被不法分子利用，将会带来巨大问题。举例来说，不法分子可以通过人工智能学习和模仿用户的行为，不断变化自身模式，骗过安全防护软件，尽可能地存在于用户使用的智能家居产品当中。通过采集到的用户数据，盗取用户信息，甚至左右用户的认知和判断 |
| 人工智能本身的缺陷问题 | 作为一项还在不断发展中的新技术，当前的人工智能不够成熟。某些技术上有缺陷，例如代码错误、算法模型问题会导致人工智能工作异常，出现安全隐患。人工智能应用的智能家居设备，很容易被不法分子从漏洞入侵和控制，做出损害用户利益的事情 |

图 4-2　人工智能的安全问题

人工智能使用中的隐私保护问题	人工智能往往与大数据联系在一起，其智能反馈需要依赖大量的数据分析。如何保护好智能家居产品采集到的用户数据，成为人工智能安全领域的一大问题。隐私问题一向是数据资源开发利用的难点之一，所以人工智能在应用中必须设计好隐私保护方案，从根本上保护用户的个人隐私数据。同时，随着智能家居使用率的提高，人工智能是否能提供采集数据的选择也显得重要无比。企业往往出于商业目的，默认所有用户同意采集私人信息，这也会造成隐私侵犯
人工智能使用中的算法问题	人工智能依靠算法代替人做了很多决策，大到无人驾驶中的路径选择，小到智能冰箱中的新鲜食物选择。人类的理性与感性占比不同会导致人们做出不同的选择，现阶段的人工智能的算法往往无视不同人的不同选择，默认提供统一方案。如果在系统的研发过程中，人工智能无视个体的差异性，一定要用户坚持最为健康、优秀的默认方案，人工智能将变成强迫性质的默认机器
人工智能使用中的权力问题	用户对人工智能给予决策权之后，很可能对人工智能产生依赖。尽管人工智能本身并无意识，所有的决策都来源于用户的数据和其本身的算法，但做出的不同决策也照样会在现实世界造成不同的影响。用户需要对人工智能承担起监护人一样的责任，避免让人工智能做出有损自身或他人利益的决定

图 4-2　人工智能的安全问题（续）

4.1.3　人工智能在智能家居领域的挑战

　　人工智能和智能家居的融合产生了巨大的前景，但相应的，也带来了很多的挑战。如何将人工智能完美嫁接到智能家居产品之中，是智能家居行业面临的主要挑战。下面笔者进行讲解，具体如图 4-3 所示。

　　现阶段的人工智能行业以及智能家居行业充满着机遇，也充斥着挑战。企业如果能够开发出人工智能方面的关键技术，解决实际问题，将在智能家居这个新行业奠定坚实的基础，从而避免被市场所淘汰。

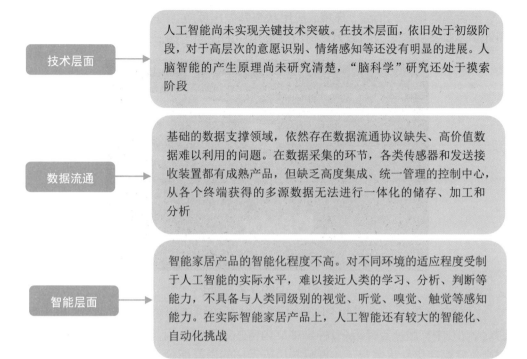

技术层面

人工智能尚未实现关键技术突破。在技术层面，依旧处于初级阶段，对于高层次的意愿识别、情绪感知等还没有明显的进展。人脑智能的产生原理尚未研究清楚，"脑科学"研究还处于摸索阶段

数据流通

基础的数据支撑领域，依然存在数据流通协议缺失、高价值数据难以利用的问题。在数据采集的环节，各类传感器和发送接收装置都有成熟产品，但缺乏高度集成、统一管理的控制中心，从各个终端获得的多源数据无法进行一体化的储存、加工和分析

智能层面

智能家居产品的智能化程度不高。对不同环境的适应程度受制于人工智能的实际水平，难以接近人类的学习、分析、判断等能力，不具备与人类同级别的视觉、听觉、嗅觉、触觉等感知能力。在实际智能家居产品上，人工智能还有较大的智能化、自动化挑战

图 4-3　人工智能面临的挑战

4.2　智能家居中人工智能的主要应用

说起人工智能，大部分人首先想起的肯定是 AI 助手。AI 助手在智能家居场景中，已渐渐成为主流的控制方式，可以彻底解放用户的双手。AI 助手将进一步推动智能家居产品的语音控制化，包括照明、影音、安防等，成为智能家居的核心，从而提供具有针对性的不同服务。

4.2.1　国外智能家居领域的 AI 助手

国外的人工智能发展较早，AI 助手经过一定时间的发展，在语音识别、分析和搜索等环节也有了长足进展。当前的国外 AI 助手市场已经形成了四强并列的格局，即苹果的 Siri、谷歌的 Google Assistant、微软的 Cortana 和亚马逊的 Alexa。另外，韩国企业三星的 Bixby 作为新加入的竞争对手，实力也不容小觑。

1. 三星的 Bixby

三星电子企业于 2017 年发布 Bixby，并在 2018 年将 Bixby 升级到 2.0，如图 4-4 所示。三星宣称在 Bixby 加入了语音理解功能，可以快速理解复杂词

汇，结合当前用户的情绪、环境、应用状态等做出反应。由于基于人工智能技术，Bixby 还具备机器学习的能力，可以掌握用户的使用习惯。

图 4-4　Bixby 语音助手

在实际使用上，三星的 Bixby 支持大部分手机原生应用。而 2018 推出的 Bixby 2.0 中文版还支持近 20 种全中文内容的第三方应用，能够在语音信息不全、语音信息顺序错乱等情况下，理解并执行用户的语言指令。

2. 苹果的 Siri

Siri 是苹果公司于 2011 年推出 AI 语音助手，如图 4-5 所示。在最初推出的时候，苹果对它的定位就是基于人工智能相关技术。但刚刚发布的 Siri，可以真正运行的功能却很少，存在理解能力差、接受语音种类少、反应迟缓等诸多问题。

在之后的版本更新中，苹果公司慢慢地将 Siri 和苹果的手机原生应用连接在一起，让 Siri 可以调动电话、地图、音乐、日程提醒、HomeKit 等功能，使得 Siri 有了处理基本指令的功能基础。除了 iPhone 之外，苹果也将 Siri 语音助手加入更多的苹果系产品中，例如 iPad、Apple Watch 等智能设备。

2016 年，在智能家居逐渐火热的环境下，苹果主动开放了与第三方硬件及应用的接口，让用户可以通过 Siri 调动合作的第三方应用，实现交互功能。但在智能家居总体生态方面，苹果依旧存在进入门槛太高的问题，Siri 在相关方面的进步也相对较为缓慢。

2018 年，苹果发布了 iOS 12 系统，并把 Siri 加入捷径功能。Siri 捷径可以帮助用户自动打开预设好的操作流程，并可以与苹果旗下的其他智能家居产生联动。

图 4-5　Siri 语音助手

3. 谷歌的 Google Assistant

2016 年，谷歌在每年一度的 I/O 大会上推出了 Google Assistant 语音助手，如图 4-6 所示。其功能包括语音指令、语音搜索、语音控制等，一推出就可以让用户便捷地操作使用，给予用户较好的使用体验。

Meet your Google Assistant

图 4-6　Google Assistant 语音助手

2017 年，谷歌更是宣称 Google Assistant 所代表的人工智能将与谷歌的基础业务搜索并列。这显示出了谷歌对于人工智能的看重和决心。Google Assistant 也一跃成为谷歌在人工智能方面的重要载体。为此，谷歌进一步扩展了 Google Assistant 的兼容性，使其能够存在于大部分安卓系统的智能手机、智能家居、智能设备等硬件当中。

4. 微软的 Cortana

微软在 2014 年就正式发布 AI 语音助手 Cortana，中文翻译为"微软小娜"，如图 4-7 所示。微软宣称 Cortana 为全球第一款私人智能助理。值得注意的是，Cortana 跟其他语音助手并无不同，同样是基于人工智能技术，通过对话来学习用户的使用习惯，并完成语音指令。

图 4-7　Cortana 语音助手

2018 年，Cortana 在经过多轮漏洞爆发之后，宣布将和亚马逊的语音助手 Alexa 进行整合，进入到双方的智能设备当中。

5. 亚马逊的 Alexa

在人工智能领域，亚马逊推出了全新的智能音箱 Echo，并搭载 AI 语音助手 Alexa，如图 4-8 所示。Echo 的大获成功为 Alexa 的日常使用铺平了道路。Alexa 可以为用户查询天气、购买亚马逊上的商品等。

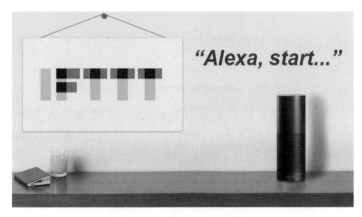

图 4-8　Alexa 语音助手

现阶段，Echo 在国外牢牢占据着市场份额的第一梯队。而 Alexa 也随着 Echo 进入到千家万户，实现与用户实时的语音互动。同时亚马逊开放了 Alexa 平台，让第三方可以在平台上加入基于 Aleax 语音助手的各种指令和功能。

亚马逊也不断开发其他智能家居设备，例如智能插座、智能灯、智能摄像头、智能微波炉等设备。

当前的人工智能领域中，AI 语音助手将人工智能概念带到了每一个人的身边。但大部分 AI 语音助手所实现的功能，都只是人工智能的初级阶段，远远称不上真正的人工智能化。但 AI 语音助手作为智能家居的控制中心，促进了其他智能家居产品的语音调动、声音识别等功能，让智能家居更加一体，也更加智能。

4.2.2 国内智能家居领域的 AI 助手

国外智能家居领域中的 AI 助手可谓是竞争激烈，而国内的 AI 语音助手则主要集中在互联网头部企业的研发当中。其中，BAT 和小米是国内 AI 语音助手的先行者，下面笔者一一进行说明。

1. 小米的小爱同学

小米公司从成立到香港上市 IPO 只用了八年时间，这跟它重视生态、多渠道布局有莫大关系。而小爱同学作为小米公司在人工智能上的重要产品，自然受到了无比重视。据有关数据显示，小爱同学从 2017 年 7 月发布至 2018 年 7 月，一年时间内累计唤醒次数达到 50 亿。

小爱同学作为 AI 语音助手，可以设定闹钟、查询天气等基本功能，也可以调动起小米生态链中的其他智能设备，真正意义上形成了智能家居生态闭环。同时，小米也推出了小爱开放平台，如图 4-9 所示。小爱开放平台能够让第三方开发者更容易地将小爱同学的功能融合进自己的产品当中，实现功能互动、语音互联。

图 4-9 小爱开放平台

2. 百度的度秘

2015 年，百度在每年一度的百度世界大会上推出 AI 语音助手——度秘，如图 4-10 所示。度秘基于百度自身研发的 DuerOS 人工智能系统，通过语音识别、处理和学习等过程，可以对用户提供的信息做出反馈并执行指令。

图4-10　度秘

百度本身的搜索、地图等功能，也将融入度秘当中，从而形成联动。但度秘的硬件终端选择并不多，更多是作为百度旗下各大APP的部分功能组成。

3. 腾讯的叮当

2017年，在腾讯全球合作伙伴大会上，腾讯推出了AI语音助手——腾讯叮当，如图4-11所示。腾讯叮当是将腾讯本身已有的软件功能整合在一起的控制中心，也是腾讯在人工智能领域的急先锋。基于腾讯本身的软件生态链十分广泛，腾讯叮当有相当多的服务功能，如新闻、票务、音乐、文学、游戏等。

图4-11　腾讯叮当

2018 年，腾讯选择与长虹、TCL 等签署战略合作协议，还推出了"腾讯叮当生态伙伴计划"以弥补硬件上的弱势。可以看出，腾讯未来将依旧专注于技术和软件领域，扮演技术支持和底层服务商的角色，不大可能直接涉足前端设备领域。

4. 阿里巴巴的阿里小蜜和天猫精灵

阿里巴巴作为国内最大的电商企业，于 2015 年推出了 AI 智能语音助手——阿里小蜜，如图 4-12 所示。阿里小蜜的主要用途是结合用户的消费数据和需求提供购物服务和购物指导。

2017 年，阿里小蜜共服务 3.4 亿名淘宝消费者，智能服务占总服务人数的95%。可以看出，阿里小蜜作为 AI 智能语音助手主要专注于阿里巴巴的电商业务，更多的是作为服务功能存在，而不是控制中心。

同时，阿里巴巴人工智能实验室也在 2017 年推出了天猫精灵智能音箱系列，搭载了天猫精灵 AI 助手。天猫精灵AI 助手采用了声纹识别技术，能够判定用户身份，进行语音购物及其他网络交易。

图 4-12　阿里小蜜

其中，天猫精灵 AI 助手的声纹识别技术不仅使用了 CLDNN 模型和 CTC模型，而且采用了动态判决策略等技术手段，能够快速识别用户声音，理解用户语音中词句蕴含的内容。

4.2.3　智能家居领域的 AI 助手相关技术

AI 语音助手在采集用户数据、学习用户行为模式的同时，带给用户极大的便利，解放了用户的双手。其中 AI 语音助手主要能提供 4 个方面的功能，如图 4-13 所示。

AI 语音助手的硬件终端以扬声器和麦克风作为输出设备、录音器作为输入设备、蓝牙和 WiFi 模块作为传输设备、CPU 和 RAM 作为计算设备。虽然有了这些设备，但主要的数据储存、计算、反馈等活动依旧在云端完成。

AI 语音助手在运行时，需要一个触发词来作为"唤醒"媒介。这样设计有两个好处：一来可以节约电力，避免 AI 语音助手 24 小时工作；二来可以确保

AI 语音助手不会产生误操作。

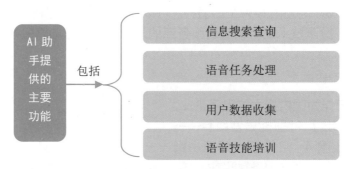

图 4-13　AI 语音助手的主要功能

当 AI 语音助手将音频上传至云端后，云端将音频通过技术转化为数据进行分析，通过音素识别来确定用户音频中的词汇，使用自然语言处理（NLP）技术来处理识别好的数据，确定词性并推断句子含义，如图 4-14 所示。

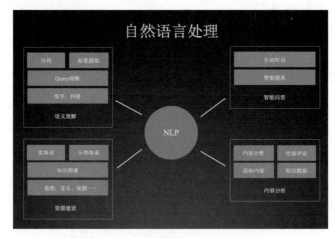

图 4-14　自然语言处理（NLP）技术

如果用户传达的指令和已有的数据库产生反应，则直接调动相关设备或执行相关操作，实现智能化处理。

4.3　智能家居中人工智能的明星单品

在科技的不断发展下，人工智能越来越好地融入智能家居当中，诞生了一系列的明星单品。这些明星单品既有大公司的代表之作，也有小公司的苦心研发产品。这些智能家居产品既有智能家居硬件终端，也有智能家居软件 APP，其人工智能水平越高，产生的市场影响力也就越大。

4.3.1 智能家居里人工智能的明星单品终端

终端在智能家居领域，是接触用户的实体存在，用户对智能家居品牌的印象往往就来自于这些终端。下面笔者从市场上选择一些智能家居产品进行介绍。

1. 松下智能灯

智能灯作为智能家居终端的一种，具有控制灯光效果、灯光时间等功能。其未来的主要发展有以下3个方向，具体如图4-15所示。

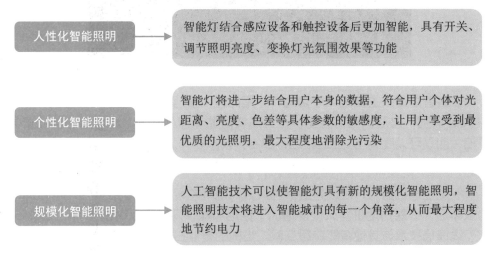

人性化智能照明	→	智能灯结合感应设备和触控设备后更加智能，具有开关、调节照明亮度、变换灯光氛围效果等功能
个性化智能照明	→	智能灯将进一步结合用户本身的数据，符合用户个体对光距离、亮度、色差等具体参数的敏感度，让用户享受到最优质的光照明，最大程度地消除光污染
规模化智能照明	→	人工智能技术可以使智能灯具有新的规模化智能照明，智能照明技术将进入智能城市的每一个角落，从而最大程度地节约电力

图4-15　智能灯的发展方向

2018年"双十一"，松下联合网红设计师青山周平推出了一款智能灯。智能灯的外形好似鹅卵石，并且搭载了天猫精灵，可以借助智能音箱直接控制亮度和开关，具体如图4-16所示。

2. 鹿客智能猫眼

猫眼和门锁，一直以来都是智能家居安全的第一道防线。鹿客智能猫眼将人工智能、语音识别等技术加入普通的电子猫眼中，让智能家居生活更加安全，如图4-17所示。

图4-16　松下智能灯

图 4-17　鹿客电子猫眼

　　鹿客智能猫眼主要有 4 个功能，一是内置电子门铃，一键呼叫更方便；二是 AI 人脸识别，自动识别访客身份；三是实时监测门外状况，异常情况自动录像抓拍；四是可以在 APP 上远程进行控制，视频聊天。

　　3.　智能扫地机器人

　　智能扫地机器人，应该是最早进入人们视野的智能家居。在经过了一段时间的发展后，智能扫地机器人慢慢增加了拖地功能，同时可以通过 WiFi、Zigbee 等无线通信技术与其他智能家居互联。当前的智能扫地机器人最为重要的指标有 3 个，具体如图 4-18 所示。

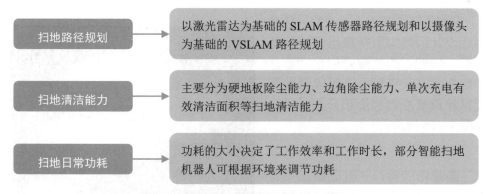

图 4-18　智能扫地机器人的 3 个指标

　　那么，智能扫地机器人的智能体现在哪里呢？主要是远程控制、自动充电等功能。现阶段的智能扫地机器人，例如米家智能扫地机器人，已经可以通过智能音箱进行控制，方便快捷，无须手动进行开关，如图 4-19 所示。

图 4-19　米家智能扫地机器人

4. 智能晾衣架

传统的晾衣架往往要用晾衣杆才能将衣服悬挂在晾衣架上，先进一些的升降晾衣架需要手摇才能实现升降。而智能晾衣架则能电动完成升降，并加入了声控功能。高端的智能晾衣架还具有消毒、烘干、照明等功能，如图 4-20 所示。

图 4-20　智能晾衣架

4.3.2　智能家居里人工智能的明星单品 APP

手机 APP，往往作为智能家居产品的控制平台。下面，笔者介绍几款智能家居手机 APP 以及如何利用这些手机 APP 进行智能家居控制。

1. 小米的米家

小米在 2016 年宣布将旗下的米家更新为生态链品牌，而小米原有品牌则专注于手机业务。小米推出的米家 APP，不仅可以连接小米的智能家居产品，还可以连接其生态链公司的智能家居产品，同时也开放平台允许接入第三方智能家居终端。米家可以简单便捷地通过手机 APP 与智能家居终端相连，例如上面所说的米家智能扫地机器人，真正实现了智能家居终端之间的互联互通。下面笔者简单介绍米家 APP 的操作方法。

步骤 01 下载并打开米家 APP，就会转到米家 APP 主页面，❶点击下方"我的"按钮，跳转至相应页面，❷选择"点击登录小米账号"选项；进入登录页面，在这里可以先注册账号，然后输入账号登录，登录之后就可以选择添加设备了，如图 4-21 所示。

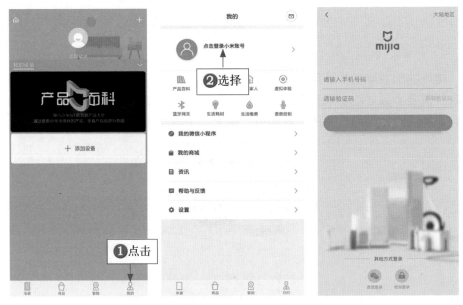

图 4-21　米家 APP 登录过程

步骤 02 ❶点击"米家"按钮，跳转相应页面；❷点击页面右上角的"+"按钮，即可进入添加设备页面；❸选择"附近设备"选项，即可自动搜索小米生态链中的智能家居产品，如图 4-22 所示。

2. 阿里巴巴的阿里智能

阿里智能是阿里巴巴集团针对智能家居领域专门推出的一款控制中心 APP。用户可以通过该 APP 控制加入阿里智能云的智能家居终端。下面笔者简单介绍阿里智能 APP 的具体操作方法。

下载并打开阿里智能 APP，就会转到阿里智能 APP 主页面，❶点击下方"我的"按钮；跳转至登录页面，在此可以先注册账号然后登录；登录之后，跳转至主页面，❷点击页面中间的"添加设备开启智能生活"按钮，即可添加智能终端设备，如图 4-23 所示。

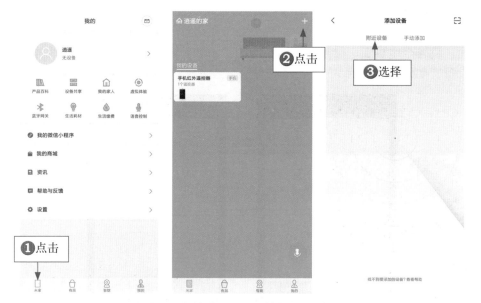

图 4-22　米家 APP 添加智能家居过程

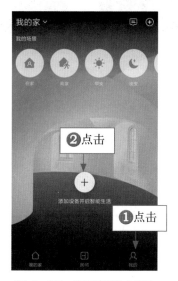

图 4-23　阿里智能 APP

3. 京东的京东微联

京东推出的京东微联 APP，根据有关数据，可以连接 42 种智能家居，正在连接的智能家居设备超过 1000 多款。下面笔者简单介绍京东微联 APP 的具体操作方法。

下载并打开京东微联 APP，就会转到京东微联 APP 主页面，❶点击主页面中的"立即登录"按钮；跳转至登录页面，在此可以先注册账号然后登录；登录之后，跳转至主页面，❷点击页面中间的"添加新设备"按钮，即可添加智能终端设备，如图 4-24 所示。

图 4-24　京东微联 APP

4. 中兴的智能家居

中兴智能家居 APP 是中兴软创科技股份有限公司研发的手机软件，该公司现已被阿里巴巴收购，改名为浩鲸云计算科技股份有限公司，中兴通讯股份有限公司依旧持有一定比例的股份。

中兴智能家居 APP 的主要功能就是连接中兴旗下的智能家居终端，作为中兴推出的各类智能家居终端的控制中心。下面笔者简单介绍中兴智能家居 APP 的具体操作方法。

下载并打开中兴智能家居 APP，就会转到中兴智能家居 APP 主页面，❶点击主页面的"登录"按钮；跳转至登录页面，在此可以先注册账号然后登录；登录之后，跳转至主页面，❷点击页面中间的"添加设备"按钮，即可添加智能终端设备，如图 4-25 所示。

图 4-25　中兴智能家居 APP

4.3.3　智能家居里人工智能的明星单品未来前景

现阶段，智能家居行业已经提出了"全屋智能"的概念，但对于大部分人来说，智能家居依旧只是一些智能家居的明星单品，远远达不到统一规划、互通互联的效果。

未来的一段时间内，如何协调好不同种类的智能家居，让其发挥出"1+1>2"的效果，是需要各大智能家居企业利用人工智能技术去解决的问题。

理想状态下的智能家居，是指整个智能家居中的所有设备在同一场景下，在时间、环境、用户信息等不同条件下，根据用户信息主动做出不同的反应，进一步达到智能化的高级阶段。

在未来，智能家居的终极形态有可能是高度智能机器人，如图 4-26 所示。高度智能机器人拥有智能家居的所有功能，也可以主动满足用户的所有需求。一般来说，智能机器人分为 3 种形态，下面笔者进行简单介绍。

● 传感智能机器人。机器人利用传感器感应到的信息做出反应，本身并不具有主动能力，需要用户输入信息和指令。
● 交互智能机器人。机器人具有预设程序，能够主动进行某一类固定动作，但还是会受到环境的限制，只能在某一类环境中良好运行。
● 高度智能机器人。机器人能够在各种环境下主动完成各项指令，甚至可以根据当前环境特点做出判断，并在无指令的情况下自发地产生行为，真正意义上代替人类完成各项任务。

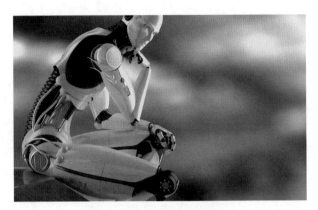

图 4-26　高度智能机器人

第 5 章

自动：实现智能家居自动化管理

学前
提示

　　用户对智能家居的期盼不仅在于能够了解到用户的喜好及需求，更在于自动、主动地帮用户解决家庭生活中出现的种种问题。

　　当智能家居实现自动化管理时，家庭生活空间将成为真正意义上的休息区。

- 简述智能家居自动化
- 智能家居自动化系统组成
- 智能家居自动化的发展
- 智能家居自动化的规则

5.1 简述智能家居自动化

要想实现家务劳动和家务管理的自动化，减轻人们家庭生活中的劳务，节省人们的时间，提高人们的物质、文化生活水平，就要依靠现代自动控制技术、计算机技术和通信技术等手段。

随着现代科学技术的发展和人们对生活要求的提高，智能家居自动化的范围也在日益扩大。最早进入家庭中的自动化设备有自动洗衣机和空气自动调节装置等，而对于家庭安全系统、家庭自动控制系统、家庭信息系统和家用机器人等，有的已达到实用水平，有的正处于研究改进阶段。在智能家居领域，智能家居自动化已经成为人类社会进步的重要标志之一。

5.1.1 智能家居自动化概念

智能家居自动化，是指利用微处理电子技术来集成或控制家中的电子、电器产品或系统，即以一个中央微处理机(Central Processor Unit，CPU)接收来自相关电子、电器产品的信息后，再以既定的程序发送适当的信息给其他电子、电器产品如照明灯、咖啡炉、电脑设备、保安系统、暖气及冷气系统、视频及音响系统等，如图 5-1 所示。

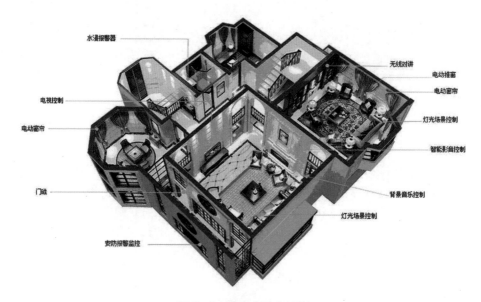

图 5-1　家庭自动化控制

中央微处理机必须通过许多界面来控制家中的电器产品，这些界面可以是键盘，也可以是触摸式荧幕、按钮、电脑、手机、遥控器等，消费者可发送信号至中央微处理机，或接收来自中央微处理机的信号。

在智能家居刚出现时，智能设备自动化就等同于智能家居，而今天它仍是智能家居的核心之一，因此自动化是智能家居的一个重要系统。随着网络技术在智能家居的普遍应用、网络家电/信息家电的成熟，自动化的许多产品功能渐渐融入这些智能家居产品中，从而使单纯的自动化产品在系统设计中越来越少，其核心地位也渐渐被家庭网络/家庭信息系统所代替。因此，在智能家居领域，自动化将作为智能家庭网络中的控制网络部分在智能家居中发挥作用，如图 5-2 所示。

图 5-2　家庭自动化发挥控制网络的作用

5.1.2　智能家居自动化的优势

在国内，智能家居自动化一直是各企业争夺智能家居市场的主战场，我国主要的两大阵营分别是海尔 e 家佳和联想闪联，前者侧重于家庭，后者关注于办公，但最终都聚焦于智能家居网络自动化。

随着物联网路线的渐渐明朗，很多热门的物联技术纷纷涌入智能家居自动化领域，如 ZigBee、Z-Wave、Insteon 等。这些协议和标准的相互竞争，促进了自动化领域的技术繁荣，也推动了智能家居向生活智能化转化的进程。目前，从人们生活需求方面来看，市场需要性能稳定、价格适宜、使用方便的自动化产品，这就需要相关企业提供即插即用、性价比高的实用化、模块化的智能产品。因此，提高资源利用率和行业透明度，通过协作和规模效应来降低产品成本，是共同推动行业健康发展的王道，也是智能家居自动化优势显现的前提。下面笔者为大家介绍智能家居自动化的几个优势，如图 5-3 所示。

方便快捷

要想实现智能家居自动化，就必须借助飞速发展的计算机技术、自动化控制技术和现代通信技术等。而利用这些技术之后，人们可以方便地通过计算机或其他网络接入设备，远程获取家庭内的各种信息，包括各种计量表读数和费用、各种家电设备和监测设备的状况，并实现远程遥控各种家电设备和装置，实现家居的智能化管理等。可以说，智能家居自动化给人们带来了更加便捷的智能化生活

减低能耗

智能家居自动化的第二个优势是能够通过降低照明、取暖和空调等家电的能耗，最大限度地减轻家庭对环境的影响。在过去，家中的取暖、照明和安防功能是借助传统的电子恒温器与控制器来解决的。但智能家居自动化采用的是经济实惠的微处理器元件，让人们通过访问网络计算机终端，就能够远程控制家中电器。家庭自动化能够更容易地走入千家万户，并且可以大大减少能耗

高效专业

智能家居自动化可以通过互联网在任何地方进行访问，并可通过键盘、鼠标和监视器进行设定。如果用户希望拥有一个更为专业的自动化解决方案，则可使用特殊的微处理器作为经济实惠的模块来控制家庭功能，如暖气和空调系统

自动指令

用户可下载智能手机APP来发出智能家居自动化指令，同时根据安装的系统以及网络配置进行订阅服务，以便从互联网访问系统或者直接登录系统。一旦用户的微处理器发出必要的自动化指令，用户就需要模块来执行信号，然后开关灯、启动或停止暖炉空调并记录监控摄像头所拍摄的照片。遥控型中继器和开关可以控制智能家居自动化设备，从而避免过多的电线排布。凭借这样的指令功能，用户就能检查传感器，决定是否发出相应的指令

图 5-3　智能家居自动化的优势

5.1.3　智能家居自动化相关技术

　　智能家居自动化产品的核心是无线技术，它可以实现随时随地将智能家居设备与家庭网络进行连接，并对其进行控制。随着智能家居自动化系统的发展，家庭智能化也越来越趋近成熟，但是依然有很多人对智能家居的自动化控制技术不太了解。下面笔者就为大家介绍智能家居自动化的相关控制技术，让大家对智能家居自动化有更全面的了解。

1. 无线 WiFi

　　WiFi 的中文名叫行动热点，是一种可以将个人电脑、手持设备（如 PAD、手机）等终端以无线方式互相连接的技术，事实上它是一个高频无线电信号。而且 WiFi 经过多个协议的改进，具体如图 5-4 所示。

标准版本	802.11a	802.11b	802.11g	802.11n	802.11ac
发布时间	1999	1999	2003	2009	2012
工作频段	5GHz	2.4GHz	2.4GHz	2.4GHz，5GHz	5GHz
传输速率	54 Mbps	11 Mbps	54 Mbps	600 Mbps	1G
编码类型	OFDM	DSSS	OFDM、DSSS	MIMO-OFDM	MIMO-OFDM
信道宽度	20 MHz	22 MHz	20 MHz	20/40 MHz	20/40/80/160/80+80 MHz
天线数目	1x1	1x1	1x1	4x4	8x8
调制技术	BPSK、QPSK、16QAM、64QAM	CCK	BPSK、QPSK、16QAM、64QAM、DBPSK、DQPSK、CCK	BPSK、QPSK、16QAM、64QAM	BPSK、QPSK、16QAM、64QAM、256QAM
编码	卷积码	\	卷积码	卷积码、LDPC	卷积码、LDPC

图 5-4　WiFi

　　WiFi 上网可以简单地理解为无线上网，几乎所有智能手机、平板电脑和笔记本电脑都支持 WiFi 上网，它是当今使用最广的一种无线网络传输技术。其原理就是把有线网络信号转换成无线信号，然后通过无线路由器供相关的电脑、手机、平板等接收。WiFi 无线上网在城市里比较常用，虽然由 WiFi 技术传输的无线通信质量不是很好，数据安全性能也比蓝牙差一些，但其最大的优点就是传输速度非常快，可以达到 1Gbps，符合个人和社会信息化的需求。除了传输速度快以外，WiFi 最主要的优势在于不需要布线，可以不受布线条件的限制，因此非常适合移动办公用户使用。WiFi 无线网络与有线网络相比较，有许多优点，如图 5-5 所示。

在智能家居自动化系统中，除了减少了布线的麻烦之外，最大的优势是可以将智能家居设备与无线网络无缝对接，不需要过多考虑信号转换的问题。同时，相较于其他的无线通信技术，WiFi 的成本低、简单易用，并具有传输速率快、无线覆盖范围广、渗透性高、移动性强等特点。这些特点说明 WiFi 技术非常适用于智能家居自动化领域。

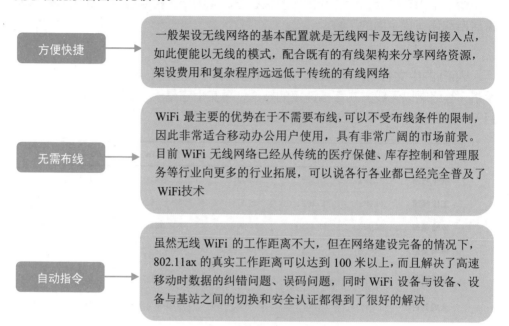

图 5-5　WiFi 无线网络的优点

因此用户可以轻松实现智能可视对讲以及对各种家电的智能控制，同时经过 Web 网络控制智能网关，还能实现对家电的远程控制。除了以上的应用之外，WiFi 无线智能网关还具备小区商城管理应用功能。通过小区管理软件，物业管理者可以通过网关浏览各类信息，同时，还包括安防报警、信息发布、远程监控、设备自检和远程维护等应用。

现阶段，WiFi 已经发展到了 802.11ax 协议阶段，能够兼容之前的协议，并且能够提升网络容量和效率。WiFi 802.11ax 协议同时支持多端点与多端点之间的输入和输出，能将高密集场所的用户传输率平均提升 4 倍左右。

2. 蓝牙

蓝牙 (Blue tooth) 是一种无线技术标准，可实现固定设备、移动设备和楼宇个人域网之间的短距离数据交换 (使用 2.4 ～ 2.485GHz 的 ISM 波段的 UHF 无线电波)。

蓝牙技术始于电信巨头爱立信公司的 1994 方案，当时是作为 RS232 数据线的替代方案，主要研究移动电话和其他配件间进行低成本、低功耗的无线通信连接的方法。到了 1998 年，爱立信公司希望无线通信技术能统一标准便将其取名"蓝牙"。发展至今，蓝牙经历了多个版本，如图 5-6 所示。

蓝牙 1.1 与 1.2 版本	这是最早期的版本，两个版本的传输速率都仅有 748～810Kb/s。由于是早期的设计，因此通信质量并不算好，还易受同频率产品的干扰
蓝牙 2.0+EDR 版本	蓝牙2.0+EDR版本的推出，让蓝牙的实用性得到了大幅的提升，传输速率达到了2.1Mbps，相对于1.2版本提升了三倍，支持立体音效，还有双工的工作方式，即进行语音通信的同时也可以传输高像素的图片。虽然2.0+EDR的标准在技术上做了大量的改进，但从1.X标准延续下来的配置流程复杂和设备功耗较大的问题依然存在
蓝牙 2.1+EDR 版本	蓝牙 2.1+EDR 版本推出后，增加了 Sniff 省电功能，通过在2个装置之间设定互相确认信号的发送间隔来达到节省功耗的目的。采用此技术后，蓝牙 2.1+EDR 的待机时间可以延长 5 倍以上，具备了省电效果
蓝牙 3.0 版本	随着蓝牙 3.0 版本的推出，数据传输的速率再次提高到了大约 24Mbps，同时还可以调用 WiFi 功能实现高速数据传输
蓝牙 4.0 版本	蓝牙 4.0 版本推出后，实现了 100 米以上的传输距离，同时拥有更低的功耗和 3 毫秒低延迟，使用 AES-128 CCM 加密算法进行数据包加密和认证
蓝牙 5.0 版本	蓝牙5.0的传输速度上限为2Mbps，理论上有效传输距离可达300米，支持室内定位导航功能，结合WiFi可以实现精度小于1米的室内定位，并针对 IoT 物联网进行底层优化，力求以更低的功耗和更高的性能为智能家居服务

图 5-6　蓝牙发展经历的版本

相对于 WiFi，蓝牙稍显弱势，但其实蓝牙是生活中应用普遍的一种重要的通信方式，也是无线智能家居的一种主流通信技术。在所有的无线技术中，蓝牙在智能家居领域已经迈出了很大一步。

目前手机、电脑、耳机、音箱、汽车、医疗设备等都集成了该技术，同时还有部分家居设备也加入了该技术。基于蓝牙技术设计的方案可以使数据采集和家庭安防监控更加灵活，还能在一定程度上提高系统的抗干扰能力。

目前，蓝牙在智能家居自动化方面的应用渐渐加强，首先是由于蓝牙的普遍性，因为每一台智能手机都有蓝牙无线广播设备，这使得它几乎无处不在。同时由于蓝牙自身的低耗能特点，未来的某些自动化设备将会运用寿命能够持续数月甚至数年的蓝牙无线通信技术。因此蓝牙技术在这方面比其他技术占据更大的优势。

另外，蓝牙的性能一直在不断地提升。据悉，蓝牙 5.0 技术已经使用了 Mesh 组网技术，如图 5-7 所示。因此通过和附近的蓝牙无线设备连接，一个蓝牙设备可以辐射更广的范围，假设在一个家庭里装上几个蓝牙智能灯泡，无线网络就可以覆盖整个家庭。

图 5-7　蓝牙 Mesh 组网

3. Z-Wave

Z-Wave 是由丹麦公司 Zensys 一手主导的无线组网规格，是一种新兴的基于射频的，低成本、低功能、低功耗、高可靠的，适用于网络的短距离无线通信技术，如图 5-8 所示。

图 5-8　Z-Wave

近几年，随着面向家庭控制及自动化短距离无线技术的发展，智能家居自动化所带来的机遇正成为现实。在已出现的各种短距离无线通信技术中，Z-Wave 以其结构简单、成本低、接收灵敏等特点成为其他无线通信技术强有力的竞争对手。

Z-Wave 技术在最初设计时，就定位于自动化无线控制领域，Z-Wave 可将任何独立的设备转换为智能网络设备，从而可以实现控制和无线监测。与同类的其他无线技术相比，Z-Wave 具有以下优势，如图 5-9 所示。

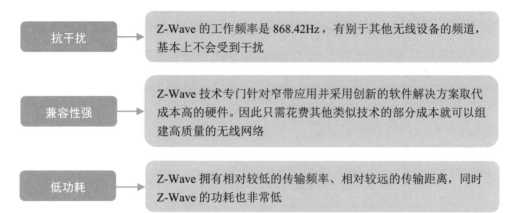

抗干扰	Z-Wave 的工作频率是 868.42Hz，有别于其他无线设备的频道，基本上不会受到干扰
兼容性强	Z-Wave 技术专门针对窄带应用并采用创新的软件解决方案取代成本高的硬件。因此只需花费其他类似技术的部分成本就可以组建高质量的无线网络
低功耗	Z-Wave 拥有相对较低的传输频率、相对较远的传输距离，同时 Z-Wave 的功耗也非常低

图 5-9　Z-Wave 技术优势

Z-Wave 技术设计目前用于住宅、照明商业控制以及状态读取应用等方面，例如抄表、照明及家电控制、HVAC、接入控制、防盗及火灾检测等。而采用 Z-Wave 技术的产品涵盖了灯光照明控制、窗帘控制、能源监测以及状态读取应用、娱乐影音类的家电控制。可以说，Z-Wave 技术基本覆盖了人们家居生活的方方面面。并且 Z-Wave 技术采取 FSK 调制方式，数据传输十分稳定。

4. ZigBee

ZigBee 技术是一种短距离、低功耗、低速率、低成本、高可靠、自组网、低复杂度的无线通信技术，如图 5-10 所示。其名称来源于蜜蜂的八字舞，由于蜜蜂 (bee) 是靠飞翔和"嗡嗡"(zig) 地抖动翅膀来与同伴传递花粉所在方位信息的，也就是说蜜蜂依靠这样的方式构成了群体中的通信网络，因此 ZigBee 又称紫蜂协议。

图 5-10　ZigBee

近年来，ZigBee 技术被广泛运用于智能家居自动化领域，该技术在智能家居自动化中具备如图 5-11 所示的优势。

虽然 ZigBee 技术在智能家居的某些领域，发挥着各种各样的优势。但是，由于其成本高，传输距离近，自组网和巨大的网络容量成了摆设，也制约着

ZigBee 技术在家庭自动化系统中的应用和推广。只有灵活运用 ZigBee 技术的优点，并且克服其缺点，才能够更好地提供高性价比、高可靠性的智能家居自动化系统。

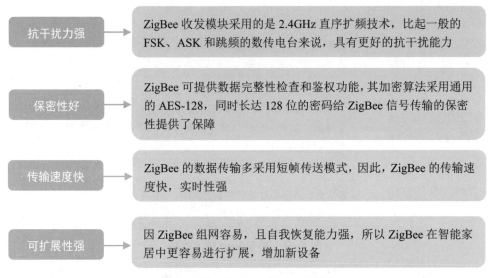

抗干扰力强 → ZigBee 收发模块采用的是 2.4GHz 直序扩频技术，比起一般的 FSK、ASK 和跳频的数传电台来说，具有更好的抗干扰能力

保密性好 → ZigBee 可提供数据完整性检查和鉴权功能，其加密算法采用通用的 AES-128，同时长达 128 位的密码给 ZigBee 信号传输的保密性提供了保障

传输速度快 → ZigBee 的数据传输多采用短帧传送模式，因此，ZigBee 的传输速度快，实时性强

可扩展性强 → 因 ZigBee 组网容易，且自我恢复能力强，所以 ZigBee 在智能家居中更容易进行扩展，增加新设备

图 5-11 ZigBee 技术的优势

5.2 智能家居自动化系统组成

随着人们生活水平的不断提高，对居住环境的要求也越来越高，智能家居自动化也就成为人们追求的重要目标。智能家居自动化系统由智能家居系统、智能信息系统和智能家居机器人组成。本节笔者将为大家介绍智能家居自动化系统的组成。

5.2.1 智能家居系统

智能家居系统包括智能家居电器控制系统、智能家居灯光控制系统、智能家居安防控制系统、智能家居背景音乐系统、智能家居影音视频共享系统、智能家居门窗控制系统。

1. 智能家居电器控制系统

与智能灯光控制一样，智能电器控制采用的也是弱电控制强电的方式，这样即安全又智能。两者之间不同的是受控对象不同，智能电器控制，顾名思义，是对家用电器的控制，如电视机、空调、热水器、电饭煲、投影仪、饮水机等。

智能电器控制一般分为两类，如图 5-12 所示。

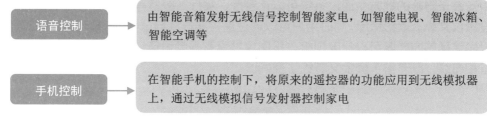

| 语音控制 | 由智能音箱发射无线信号控制智能家电，如智能电视、智能冰箱、智能空调等 |
| 手机控制 | 在智能手机的控制下，将原来的遥控器的功能应用到无线模拟器上，通过无线模拟信号发射器控制家电 |

图 5-12　智能电器控制分类

2.　智能家居灯光控制系统

智能灯光控制是指用智能灯光面板替换传统的电源开关，实现对全宅灯光的自动化控制和管理。它可以用多种智能控制方式实现对全宅灯光的遥控开关、亮度调节、全开全关以及组合控制等，实现会客、影院等多种灯光场景效果，从而达到智能照明节能、环保、舒适、方便的效果。除此之外，还可用智能手机控制、定时控制、电话远程控制、电脑本地控制以及互联网远程控制等多种控制方式实现自由化控制。

3.　智能家居安防控制系统

智能家居安防控制系统是实施安全防范控制的重要技术手段，由传感器、云端计算机和相应的控制系统组成。它主要是通过智能主机与各种探测设备配合，实现对各个防区报警信号及时收集与处理，通过本地声光报警、电话或短信等报警形式，向用户发出警示信号，用户可以通过网络摄像头察看现场情况来确认事情紧急与否。

智能家居安防控制系统是家庭防火、防气和水漏泄、防盗的设施，通过传感器对周围的光线、温度和气味等参量进行检测，发现漏气、漏水、火情和偷盗等情况时立即将有关信息传送给云端计算机，云端计算机根据提供的信息进行判断，采取相应的措施或报警。智能安防系统需要具备远程实时监控功能、远程报警和远程撤设功能、网络存储图像功能、手机互动监视功能以及夜视控制功能等。

4.　智能家居背景音乐系统

智能家居背景音乐系统，是在公共背景音乐的基础上，再结合家庭生活的特点发展而来的新型背景音乐系统。简单来说，就是在住宅的任何一间房子里，包括花园、客厅、卧室、酒吧、厨房或卫生间等，都可以布置背景音乐线。通过智能音箱、扬声器等多种音源进行系统组合，让每个房间都能听到美妙的背景音乐。

5.　智能家居影音视频共享系统

智能家居影音视频共享系统是将数字电视机顶盒、智能投影仪等视频设备集中安装于隐蔽的地方，通过系统可以让客厅、餐厅、卧室等多个房间的电视机、投影仪共享家庭影音库，同时用户可以通过遥控器选择自己喜欢的影视进行观看。采用这样的方式既可以让电视机、投影仪共享音视频设备，又不需要重复购买设备和布线，既节省了资金又节约了空间。

6. 智能家居门窗控制系统

智能门窗一般是指安装了先进的防盗、防劫、报警、自动开关系统技术的门窗。智能门窗控制系统由无线遥控器、智能主控器、门窗控制器、门窗驱动器、门磁传感器等部分组成。

智能门窗控制系统能够预防各种家庭灾患发生，比如当检测到煤气、有害气体等危险信号时，智能主机会自动发出相应的指令，自动开启窗户、排气扇，同时将情况通过手机传送给主人；一旦发生火灾，传感器会第一时间检测到烟雾信号，然后智能主机会发出指令，将门窗打开，同时发出警示将情况通过手机传送给主人和消防单位；若是遇到大雨天气，当风力达到一定的级别时，或者雨水打在红外线门帘传感器上，窗户就会自行关闭，防止家里被雨水淋湿；当传感器检测到人体信息时，窗户会自动关闭，将小孩关在室内，可以有效地保护小孩的安全。

5.2.2　智能家居信息系统

在智能网络的控制下，智能手机、智能电视机等形成了统一的智能家居信息系统。通过通信线路与智能家居服务商的信息中心相连，使智能家居信息系统成为智能家居服务商信息中心的终端，并随时可以从信息中心获得想要的各种信息。

利用智能家居信息系统，除了可以从信息中心获得各种需要的信息外，还可以进行健康管理，例如对老人或体弱者每天进行体温、脉搏和血压的测量，并将数据输入终端机，由附近的医师给予诊断；辅助教育系统则可以用于学习；可视数据系统可以让人们在家订购货物、车票、机票、旅馆房间，检索情报资料，阅读书籍，等等。不久的未来，智能家居信息系统可以实现人人均在家办公，让家庭成为工厂或办公室的终端。

5.2.3　智能家居机器人

智能家居自动化系统的第三个组成部分是智能家居机器人。智能家居机器人就是为人类服务的特种机器人，主要从事家庭服务、维护、保养、修理、运输、清洗、监护等工作。自 20 世纪 80 年代以来，有些国家已经研制出家居机器人，除了提供以上工作之外，还可以代替人完成端茶、值班、洗碗、扫除以及与人下棋等工作。智能家居机器人依靠各种传感器，不仅能听懂人的命令，还能识别三维物体。按照应用范围和用途的不同，智能家居机器人可以分为以下几类。

1. 智能扫地机器人

智能扫地机器人，又称扫地机器人，它们是具备智能的家用电器。它们的外形像厚厚的飞碟，其激光雷达能避免撞坏家具，摄像头可避免失足跌下楼梯。下面笔者将为大家介绍两款吸尘机器人：iRobot 吸尘机器人和玛纽尔保洁机器人。

（1）iRobot 吸尘机器人：iRobot 吸尘机器人由美国 iRobot 公司于 2002 年推出，如图 5-13 所示。iRobot 吸尘机器人拥有三段式清扫和 iAdapt 专利技术，可以自动检测房间的布局，并自动规划打扫路径，其主要功能是吸取房间的灰尘颗粒，清扫房间宠物掉落的毛发、瓜子壳和食物残渣等垃圾。当主人不在家的时候，通过定时设置就能让 iRobot 吸尘机器人正常工作。

图 5-13　iRobot 吸尘机器人

（2）玛纽尔保洁机器人：玛纽尔保洁机器人也是一款家用机器人，如图 5-14 所示。它具备记忆功能、自动导航系统、无尘袋等尖端科技，可以自行对房间做出测量，进行自动清洁、收集粉尘、记忆路线等智能清扫，可以有效地清扫各种木地板、水泥地板、瓷砖、地板以及油毡、短毛地毯等。并且针对不同的地板会采取不同的养护措施，例如木地板，会在简单清洁过后，自动对地板进行打蜡养护。

图 5-14　玛纽尔保洁机器人

2. 智能娱乐机器人

智能娱乐机器人可用于家庭娱乐，典型的产品有索尼的 AIBO 机器狗，如图 5-15 所示。消费者可以通过个人电脑或手机与这类机器人进行连接，指挥这些机器人进行表演。世界上第一台类人娱乐机器人的产地在日本。2000 年，本田公司发布了 ASIMO 机器人，这是世界上第一台可遥控、有两条腿、会行动的机器人。2003 年，索尼公司推出了 ORIO 机器人，它可以漫步、跳舞，甚至可以指挥一个小型乐队。

图 5-15　AIBO 机器狗

3. 智能厨师机器人

智能厨师机器人是一个多功能的烹调机器。在上海世博会的企业联合馆中，展出过一种厨师机器人，名叫"爱可"，如图 5-16 所示。这个厨师机器人高约 2 米，宽 1.8 米，外形酷似一个冰箱，但拉开"爱可"肚子上的拉门，就能看到里面特制的烹调设备，有锅、自动喷油、喷水和搅拌设备等。与之连接的是一个智能化触摸屏，上面是系统控制界面，用户只要事先设定好菜谱，"爱可"就能按照程序进行工作。

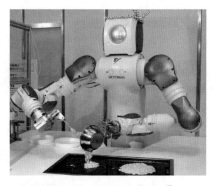

图 5-16　机器人"爱可"

5.3　智能家居自动化的发展

智能家居自动化近几年来在国内发展比较迅速，但仍处于初级阶段。国外的智能家居自动化系统已经比较成熟，一般都是以智能家居无线控制系统为主。国外用户喜欢自己进行安装和调试，因此常常针对需求来进行个性化的设计；而国内用户则少有明确的个性需求。另外与国外用户相比，国内用户的动手能力还相对较弱。作为一个以提高人们的生活质量为目标的新兴产业，智能家居自动化已经成为人们追求的目标。大规模企业想要进军智能家居自动化，就应该从人们的需求方面着手。

5.3.1　智能家居自动化的发展瓶颈

让生活智能化是智能家居自动化的终极目标，在智能家居自动化发展的过程中，一直不乏市场的关注和使用者的期待。但是目前智能家居自动化的发展依然缓慢，仅停留在体验厅和部分试点楼盘，与"提供舒适丰富的生活环境、方便灵活的生活方式、高效可靠的工作模式"的目标相差甚远。究其原因，主要有以下的几个方面，如图 5-17 所示。

行业标准难统一	智能家居自动化其实就等同于智能家居，因此行业标准不统一既是智能家居遇到的难点问题，也是智能家居自动化遇到的难点问题。目前国内主要有两大标准：e家佳和闪联，这两大标准分别代表家电厂商和IT厂商。e家佳在家电智能化方面优势明显，而闪联在设备互联产品化方面有一定的优势。随着智能技术的日趋成熟，家庭自动化已经成为两者最主要的战场，然而标准不统一、产品不兼容、厂商各自为战等不和谐因素使家庭自动化的整体发展受到了一定的影响
技术专业化	智能家居自动化产品是一个整体系统，部分智能家居产品与普通电子产品和家电产品的即插即用不同，需要专业人员进行安装和调试。这就造成了智能家居产品的专业化程度高、价格高昂等问题，用户无法从使用中获得流畅的体验和乐趣，自然用户的满意度和购买意愿就不够高。而且产品的专业化也意味着研发投入大，技术共享难，各个厂家专注于自己的标准，对产品本身的重视度不够，因此造成了市场上价高和寡的尴尬局面
产品智能化进展慢	智能家居自动化系统涉及计算机、通信、电子、自动化等多个学科领域，没有一个企业能够以一己之力囊括所有领域。目前国内与智能家居自动化行业相关的产品比比皆是，但智能化水平偏低，其产品和服务仅仅作为人工的一种补充，满足一些机械功能的实现，而不是改变生活方式的主要力量

图 5-17　家庭自动化发展瓶颈

目前，家庭自动化行业和智能家居行业已经迎来了前所未有的市场机遇。企业若想抓住机遇、突破痛点和瓶颈，就必须从行业引导、市场机制、产品导入等多方面进行努力。

5.3.2 智能家居自动化的发展未来

智能家居自动化是一项系统工程，需要事无巨细的规划和永无止境的改进。它为智能家居系统提供了一个硬件平台，结合当前信息技术的发展和人类对居住环境的要求，可以预见未来的智能家居会给人们带来巨大的变化。

智能家居自动化的未来，应该是比用户更了解自己，从用户踏入家居环境的第一刻开始，就根据用户的喜好和当前环境，自动开始工作，全方位为用户提供最为优质的服务。

在不久的将来，智能家居自动化可以将用户从烦琐的日常家庭工作中解脱出来，只需要坐着，就可以享受到便捷服务。

5.3.3 智能家居自动化的实际应用

在智能家居领域，自动化其实早已悄然地进入人们的生活中。例如智能照明、智能插座、智能门锁、智能电器等，用户通过任何一部移动终端均可对这些家庭安防监控与家电产品实现远程化控制和管理。这就是家庭自动化的核心，也是智能产品的最大卖点，如图5-18所示。

还比如，家庭中的电表、水表、煤气表能够自动记录家庭耗电量、用水量和用气量；智能洗衣机、智能洗碗机、智能电视机、智能空调机等智能家居设备能够自动运行工作，无须人为参与。智能家居自动化为人们创造了良好舒适的生活环境，使人们从日常烦琐的家务劳动中解放出来。也正是有了智能家居自动化系统，才得以让智能家居产品实现以智能家庭网络为中心的本地联动和远程控制。可以说，智能家居自动化是智能家居更深一步的应用。

图5-18　手机远程控制各类设备

5.4　智能家居自动化的规则

智能家居自动化的设备运行时会遵循一定的规则。这类规则体现在智能家居生产厂商对用户生活的观察，也体现在智能家居设备芯片里所运行的代码。智能家居自动化的规则具体有以下三类。

5.4.1　智能家居自动化的定时规则

定时，是很多智能家居都拥有的功能。或者从某种角度来说，智能家居最早拥有的智能功能就是定时，定时功能能够大大方便用户的日常生活，让用户能够提前设定好智能家居设备的工作时段。图 5-19 是拥有定时功能的空气净化器面板。

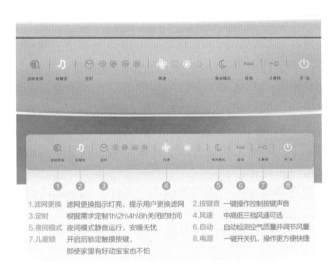

图 5-19　拥有定时功能的空气净化器面板

定时规则是指根据时间变化来达到智能家居自动化的目的，只要用户需要该智能家居工作的时间是固定的，定时功能就可以派上用场。

5.4.2　智能家居自动化的检测规则

智能家居自动化的检测规则是指当智能家居设备检测到一定的外部环境变化时，就会自动开始工作。这类智能家居设备主要出现在安防、健康等方面，例如小米旗下的智能空气净化器就可以搭配小米旗下的米家 PM2.5 检测仪，如图 5-20 所示。当检测仪检测到 PM2.5 超过一定值的时候，空气净化器就会自动开始工作。

图 5-20　米家 PM2.5 检测仪

5.4.3　智能家居自动化的识别规则

智能家居自动化的识别规则主要是指识别用户的身份。在智能家居不断发展的情况下，未来的智能家居设备也将可以识别用户的状态、心情等。

现阶段的智能家居识别规则主要体现在图像识别和语音识别两方面。图像识别主要是通过摄像头，识别出当前人的身份，从而做出不同的响应。例如，用户可以在门口装好智能摄像头，当有人出现在门口时，就可以拍摄图片和视频进行识别。如果是用户本人则可以自动开门，如果是陌生人长时间站在门外，则会自动报警或发送警报信息给用户。

而语音识别则在网络交易方面发挥自己的用处，例如当语音识别出是用户本人时，用户就可以很方便地使用智能家居购物、转账等功能。并且语音识别的应用范围广泛，可以应用到智能家居的各个方面，具体如图 5-21 所示。

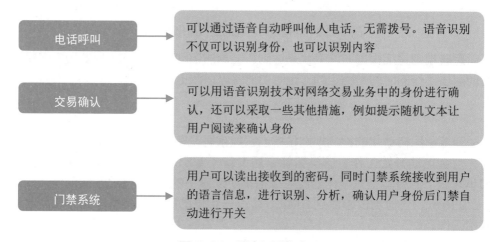

图 5-21　语音识别的应用

第6章

交流：人机交互变更智能家居交流模式

学前
提示

  人机交互是智能家居表现自身智能的重要渠道，也是智能家居和用户交流的模式体现。

  智能家居的进步，让人机交互变得更加自然、流畅和自动。人机交互的变更也让用户对智能家居产生了更大的兴趣和购买欲望。

- 智能家居里的人机交互
- 智能家居人机交互的组成
- 智能家居人机交互的发展
- 智能家居人机交互的产物
- 智能家居人机交互的产品

6.1 智能家居里的人机交互

1969年，英国的剑桥大学举办了第一届人机系统国际大会。从那以后，人机交互渐渐形成了自身的知识体系和实践模式。现阶段，人机交互的研究方向主要在智能设备互动、虚拟互动、人机协作等方面。

6.1.1 智能家居人机互动

人机互动主要是研究人与机器之间的信息交换，包括人的信息传输到机器中，机器的信息传输到人，主要的应用场景有智能家居、智能建筑、智能企业等。智能家居人机互动一直以来都是人机互动领域的重要板块。关于智能家居的交互，主要包括两种交互设备和四种交互方式，如图6-1和图6-2所示。它们共同构成了智能家居的人机交互。

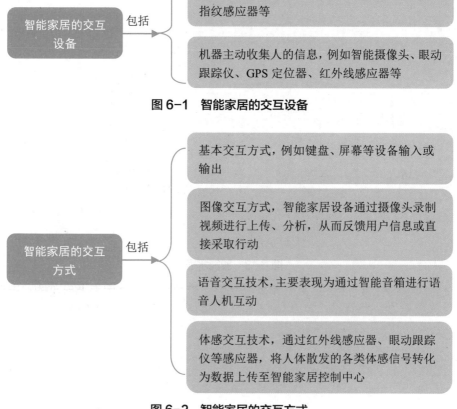

图6-1 智能家居的交互设备

图6-2 智能家居的交互方式

6.1.2　智能家居人机互动的现状

自智能家居诞生的那一刻，智能家居的人机互动问题就随之而来，如何更好地利用智能家居设备，一直都是智能家居行业和所有用户关心的问题。

在人工智能不断发展的大背景下，智能家居人机互动这一领域的研究一直都在加快推进着。智能家居人机互动的进步之处不仅体现在智能家居人机互动质量的提高、互动方式的增加方面，更体现在智能家居人机互动根本方式的转变方面，从被动接收变为主动收集分析，提供给用户优质的服务。

随着人工智能的兴起，复杂的机器在越来越快地退出人类的舞台。只有将智能家居变得越来越主动，才能更高频率地被用户所使用，在实际的家居生活中发挥更大的作用。

智能家居人机交互除了要考虑功能的主动性外，也要考虑人类行为和需求的复杂性。举个简单的例子，如果用户带着郁闷的心情回到了家，即使智能家居识别出来了用户的状态，选择播放欢快的音乐等行为反应，依旧有可能被用户所讨厌，产生更大的负面情绪。还有一些智能家居设备，例如智能水壶，如图6-3所示，其主要功能就是烧水，胡乱加入其他功能进行互动，也会让用户产生被骚扰的感觉。

图6-3　智能水壶

智能家居人机互动从来都不是越多越好，而是应在三个层面上尽可能贴近用户，让智能家居人机互动这一行为产生愉快的用户体验，从而改变用户的态度，甚至产生感情来持续使用该智能家居产品。具体是怎样的三个层面呢？下面笔者一一进行说明。

一是物理层，智能家居产品和人类都是可触碰、受到当前环境影响的物理存在。现有的智能家居人机交互物理技术要求智能家居设备根据人类的不同感觉，例如触觉、视觉、听觉等感官进行设计。

二是认知层面，智能家居人机交互的方式需要得到用户的认知和认可。如果用户对人机交互方式产生疑惑，甚至不解，是无法顺利完成智能家居人机交互过程的。而且，如果用户不认可智能家居人机交互方式，觉得过于烦琐或者不方便，那么智能家居产品从某种角度来说，也是失败的。

三是情感层面，人类对长期相伴左右的智能家居设备是容易产生情感的，特别是部分运用了拟人技术的智能家居。但用户对拟人态智能家居的喜好不同，一味地萌化可能会导致失去部分男性客户。

现阶段，智能家居人机交互还停留在用户发出命令，智能家居做出反应的阶段，而不是主动地根据用户的状态和需要来提供服务。但是，随着市场上智能家居设备的层出不穷，人机交互方式也在日新月异地更新着，将会提供更令人满意和愉快的用户体验。

6.1.3　智能家居人机交互的相关技术

智能家居人机交互作为高新科技产业的重要领域，其相关技术也在不断发展。下面具体介绍对智能家居人机交互方面有较大影响的一些技术。

1.　普适计算

普适计算，又被称为遍布式计算，其根本理念在于强调把计算过程隐藏在当前环境之中，让用户感觉不到计算过程。在智能家居人机交互领域，普适计算带来的前景是删除智能家居在环境中的输入设备，或者说让智能家居输入设备与环境融为一体，看不见却又无处不在，以便于用户随时随地得到数字化服务。

2.　听觉交互

基于听觉的语音交互，或者说音频交互，是智能家居人机交互的另一个重要领域。用户发出不同的声音，需要智能家居进行语音识别、说话人识别等，再上传至云端服务器，进行听觉情感分析、听觉内容分析等，最后由智能家居输出语音，进行完整的听觉交互。

3.　视觉交互

视觉交互主要分为手势识别、人脸识别等识别功能，其主要难度在于如何把视觉信息，例如照片、视频等转化为智能家居能够理解的语言。视觉交互让用户可以更好地通过身体去控制智能家居，近距离下能够快速形成人机交互，特别是目光识别技术，如图 6-4 所示，可以极大地方便一些有身体障碍的人士，让他们能够方便快捷地控制智能家居。智能家居也可以发挥自身的作用，营造更加简单易行的家居环境。

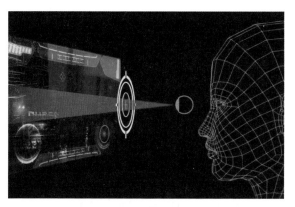

图6-4 目光识别技术

4. 触觉交互

智能家居人机交互中的触觉交互，大多是基于各类传感器，如图6-5所示，如运动跟踪传感器、触觉传感器、压力传感器等。当用户碰触到这些传感器，甚至本身穿戴着这些传感器的时候，能够给予智能家居敏感的触碰能力，根据用户的触碰行为做出相应的反应。

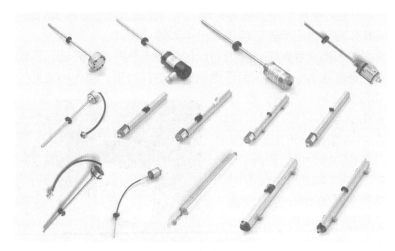

图6-5 各类传感器

6.2 智能家居人机交互的组成

智能家居人机交互由多个部分组成，其中包括智能家居系统、智能家居人机交互设计、智能家居人机交互硬件等。下面分析智能家居人机交互的组成部分。

6.2.1 智能家居人机交互系统

智能家居人机交互的系统多种多样，但大体上可以分为两大类，单渠道人机交互系统和多渠道人机交互系统。

1. 单渠道人机交互系统

过多渠道的人机交互，有时会让用户失去参与感。用户一旦发觉最为简便的交互方式之后，其他的交互渠道对用户来说，可能就是多余甚至是累赘的。

单渠道人机交互系统往往更加精简，对硬件的要求也更低，适合一些功能单一的家居产品。对于某些情况下的人机互动来说，少即是多，单渠道人机交互系统给予用户更加明确的交互方式，让用户更易形成智能家居人机交互操作习惯。而且单渠道人机交互系统往往能耗更低，也更加稳定，不容易出现各种问题。

2. 多渠道人机交互系统

多渠道人机交互系统指的是智能家居通过多种交互渠道，整合多种人机交互方式，协同统一地与用户交流。一个理想型的多渠道人机交互系统应该包括单个人机交互方式、组合人机交互方式以及每种人机交互方式之间的合作与合作边界。

人机交互得来的信号信息也应当区分对待，在分析的时候用不同的方式结合在一起分析。在智能家居形成反应的时候，除了要配合其他多种渠道进行反馈外，也要根据所处环境、时间等外部信息做出不同的校正。

利用多渠道人机交互系统，我们可以形成更自然的交流方式，例如在智能家居使用当中，语音的命令可以配合手势指向。这样一来，就更容易把控人机互动信息的准确程度。另一方面，智能家居可以用人机交互的方式，尽可能地形成用户的 AI 人格来贴近用户本身想法，对用户本身的行为进行预测。

当人工交互的渠道越来越多时，人机交互得到的信息也会更加丰富。例如面部识别技术，当面部和身体特征一起识别的时候，准确率将提高百分之三十五左右。如果不仅利用视觉交互，还加入听觉交互的话，则更容易识别出用户当前的情绪，做出更加贴近用户心理的反应。图 6-6 所示为面部识别技术的交互表现。

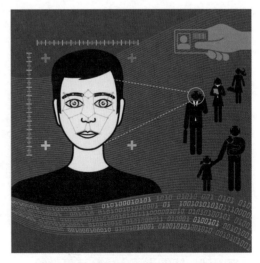

图 6-6　面部识别技术的交互表现

6.2.2　智能家居人机交互设计

智能家居人机交互作为交互方式的一种，需要从以下三种能力来进行智能家居人机交互设计，如图 6-7 所示。

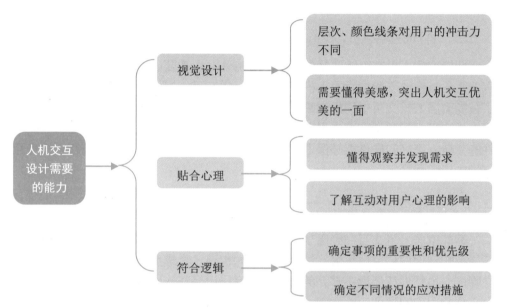

图 6-7　人机交互设计需要的能力

除了能力以外，智能家居人机交互设计可以大致分为三个阶段，具体内容如下。

智能家居人机交互设计在前期调研的时候，需要通过调查市场得到明确的用户需求以及需要实现的智能家居使用场景。之后，通过人机交互设计将用户需求转化成为用户行为。关键在于，智能家居的人机交互设计者应当了解用户使用的整体过程，最小化用户的使用障碍，进一步引导用户行为。

智能家居人机交互设计在中期合作的时候，需要将要求和设计规范整理出来给开发人员观看和了解，针对智能家居产品制造中出现的实际问题进行沟通协调，确定智能家居人机交互中的设计初衷，在不改变原有基本模型的前提下尽可能地减少人机交互的复杂性。

智能家居人机交互设计在后期落地的时候，需要确定智能家居产品的功能性，尤其是智能家居的必要功能。因为每增添一个新的功能，等于是将原有的人机交互方式重新设计一遍。所以对于智能家居人机交互设计来说，单个产品无须设计过于复杂的功能，而是应该注重和其他智能家居的交互设计，以构成整个智能家居人机交互协同工作系统。

在这个过程中，把握用户心理和习惯，提供合理顺畅的人机交互体验显得至关重要，只有对智能家居人机交互设计全局有清醒的认识，能够准确判断出现有交互模式的缺失位置、缺失原因和缺失情形，才能做到智能家居人机交互设计的一致、完善和稳定。

6.2.3　智能家居人机交互硬件

智能家居人机交互除了需要系统的支持外，也需要硬件的组装。录音器、扬声器等设备构成了智能家居人机交互中的听觉交互；摄像头、显示屏等设备构成了智能家居人机交互中的视觉交互；红外线传感器、压力传感器等构成了智能家居人机交互中的触觉交互。可以说，所有智能家居人机交互技术的落地都需要硬件的支持，良好的硬件能够保证智能家居人机交互正常工作，不至于在人机交互过程中出现问题。

6.3　智能家居人机交互的发展

智能家居人机交互在经历了长时间的发展后，已逐渐成熟。智能家居越来越容易感知到用户和家居环境，深度学习能力也有了大幅度提升，学习的成本也随之降低。虽然现在还远不够完美，但智能家居已经在一定程度上能听懂用户的语言并预测用户的意图。

6.3.1　智能家居人机交互的瓶颈

智能家居人机交互的模式，随着科技的进步，发生过几次大规模的演进——从最早的按钮开关到触摸屏控制，再到现在语音交互为主的人机交互模式。

人类创造智能家居的早期目的是为了帮助自己处理家务，然而从智能家居被创造出来的那一刻起，便拥有了商业化的属性。随着硬件、软件和网络技术的发展，智能家居更加"聪明"，功能也更加强大。

但智能家居人机交互的进步，却并没有完全取代已有的交互模式。对于用户来说，有些先进的智能家居还不如普通家居好用。有三个原因，笔者下面一一进行说明。

智能家居的基础构建不稳定，导致人机交互功能不完善。很多智能家居一味地添加新功能，不注重基础建设，导致人机交互体验不好。用户可能进行多次操作，都达不到自己预期的结果，反而徒增挫折感。

智能家居技术不够先进，导致人机交互体验不够智能。用户购买智能家居，期盼的人机交互体验是智能化的。但很多智能家居厂商研发出的智能家居产品，在人机交互技术上无法识别用户的意图，只会一味地回答"不知道""无此类答案"等，远远谈不上人机交互的智能化体验。

智能家居人机交互模式单一，导致人机交互很困难。现阶段的人机交互模式还是以单一模式为主，无法将多种交互模式合成到统一的人机交互当中，来共同为用户服务。一旦单一的智能家居人机交互出现问题，智能家居就无法再继续工作。

6.3.2 智能家居人机交互的优势

智能家居人机交互在不断发展，使更多的人能够使用智能家居设备。显而易见，每一次人机交互方式的转变都扩展了新的用户群体、新的应用场景和商业模式。例如，语音技术的发展让我们可以不用双手就能操作智能设备，而且智能家居人机交互的不断进步，带来了多种优势，下面笔者一一进行说明，具体如图 6-8 所示。

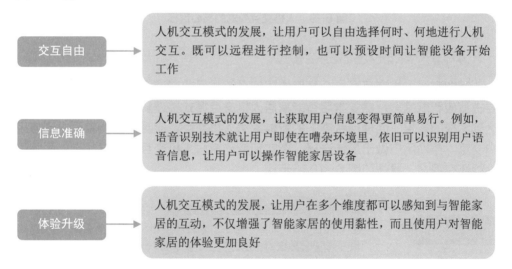

图 6-8 智能家居人机交互的优势

6.3.3 智能家居人机交互的目标

人机交互模式的发展目标随着科技的发展而不断变化，但其核心目标并没有大的改变，如图 6-9 所示。

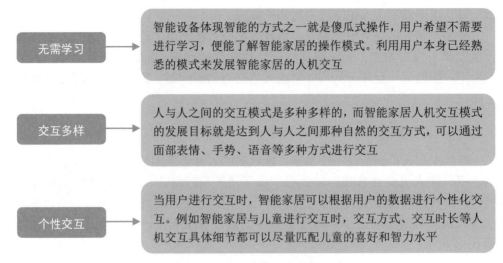

图6-9　人机交互模式的核心目标

6.3.4　智能家居人机交互的挑战

　　智能家居人机交互是一个高度协同的系统，目前在这个系统中，用户往往需要去适应智能家居，需要学习智能家居人机交互模式并理解智能家居人机交互能达到怎样的效果。而理想状态下的智能家居人机交互，应当是智能家居主动与用户交互，帮助用户做出最佳选择。要实现智能家居人机交互的理想状态，面临的挑战还有很多，具体如图6-10所示。

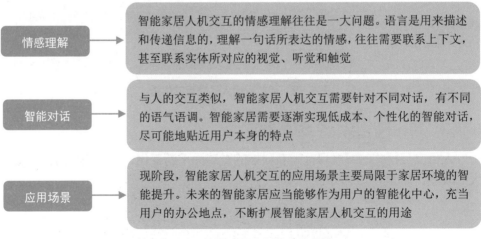

图6-10　智能家居人机交互的挑战

6.3.5 智能家居人机交互的未来

智能家居的终极形态，应当是智能机器人，或者说是类人机器人，其交互模式也应该跟人与人的交互模式一样。

现阶段的扫地机器人，虽然智能达到了一定程度，但交互模式还停留在手机APP控制的阶段。例如小米生态链下的小米扫地机器人、石头扫地机器人等，除了手机APP控制外，必须购买小米智能音箱才能进行语音控制，不能单独和用户产生直接交流。

其他的机器人，例如炒菜机器人、整理机器人、陪伴机器人等智能家居机器人，其功能都专注于某一领域，人机交互上也达不到人与人交互的流畅性与互动性。但在不久的将来，不断发展的科技可以让智能机器人变成类人一样。到那时，用户就能享受到类人智能机器人带来的便捷服务。

6.4 智能家居人机交互的产物

智能家居人机交互的发展，造就了一批与智能家居相关的产品和技术。在此，笔者统一称之为产物。这些产物，因为智能家居人机交互的进步而产生，却又不只应用在智能家居人机交互领域，而是具有更加广大的应用空间和未来。

6.4.1 餐桌智媒体——小白人

小白智能科技开发了一款餐桌智能家居设备，创意性地将智能家居、智能媒体、智能机器人等技术结合到餐桌这一高频率使用场景中。小白人餐桌智媒体更是基于大数据、人工智能、物联网等前端技术，开创了一种实现信息与用户需求智能匹配、人机交互的新型智能家居设备，如图 6-11 所示。

图6-11 小白人餐桌智媒体

小白人餐桌智媒体将广告投放、游戏互动、餐饮服务等功能集于一身，连接广告主、消费者、餐饮商、运营商等多条渠道，提供全新的用餐体验，实现信息的快速传递和转化，成为餐桌智能媒体流量入口。

6.4.2 虚拟人机交互——虚拟现实

虚拟现实又被称作 VR，是一种利用科学技术模拟虚拟环境的交互式的沉浸系统。虚拟现实技术包括仿真技术、计算机技术、感知技术、自然技术等多个技术，可以在多个领域发挥作用。

虚拟现实主要分为 3 自由度和 6 自由度两种。简单来说，3 自由度就是在 XY 轴上有感应，可以旋转头部来看不同角度的虚拟世界，但是前后左右移动的话，则不会在虚拟世界中产生反应。

6 自由度则是在 XYZ 轴上都有感应，配合使用感应手柄、感应手套等一些控制器。在现实中，用户的任何动作都会反映到虚拟世界中，形成同步的虚拟动作，给予用户高度仿真的虚拟体验。

现阶段的 6 自由度 VR 产品主要有索尼的 PlayStation VR（如图 6-12 所示）、HTC 的 Vive（如图 6-13 所示）和 Oculus 的 Rift（如图 6-14 所示）。而手机厂商，例如小米、华为、三星等则在 3 自由度虚拟现实产品上相继发力。

图 6-12　索尼 PlayStation VR

图 6-13　HTC Vive

图 6-14　Oculus Rift

6.4.2 增强人机交互——增强现实

增强现实又被称为 AR，是一种实时拍摄现实世界，并将虚拟图像嵌入现实世界进行互动的技术。现阶段，如 B612 咔叽、Faceu 激萌等美颜相机的贴图功能，Pokemon Go、哈利波特巫师联合等游戏，都利用了 AR 技术。

6.4.3 混合人机交互——介导现实

介导现实又被称为 MR，简单来说，MR 是 AR 和 VR 的混合体。MR 会把现实世界转化为一模一样的虚拟世界，再将虚拟图像嵌入虚拟世界进行互动。

MR 涉及的计算量较大，如何将现实世界快速转化为虚拟世界，并进行良好互动，是 MR 需要解决的头号问题。现阶段，MR 产品主要有微软的 HoloLens 和 Magic Leap 公司出品的 Magic Leap One，如图 6-15 和图 6-16 所示。

图 6-15　微软 HoloLens

图 6-16　Magic Leap One

6.5 智能家居人机交互的产品

智能家居人机交互的终极形态应当是智能家居植入人体，从而与人体共生。目前的科技发展还远远做不到这一点，但可穿戴智能家居产品已经显露出智能家居人机交互终极形态的这一趋势。

可穿戴智能家居产品让智能家居人机交互从偶尔的行为变成无时无刻的行为，可以说，当用户使用可穿戴智能家居产品时，就从使用者变成了信息被收集者。而可穿戴智能家居产品收集到的数据，将进一步让智能家居更好地服务用户。下面介绍多款可穿戴智能家居设备。

6.5.1　dido 心率监测智能手环

dido 智能手环是一款监测心率的运动手环，其功能特征如图 6-17 所示。

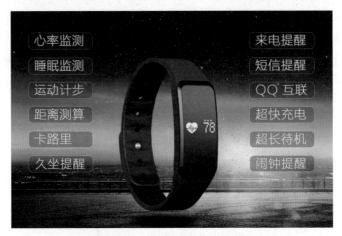

图 6-17　dido 的主要功能特征

下面笔者详细讲解 dido 智能手环具有的各大功能。

1. 心率、睡眠监测

心率、睡眠监测是智能手环的第一大功能特征，其主要原理是通过绿光传感 LED 灯，对皮肤下的血液流动情况做出准确的分析，如图 6-18 所示。

2. 运动计步、卡路里和距离计算

智能手环采用最新科技弹性敏感元件制成重力传感器，采用由弹性敏感元件制成的储能芯片来驱动电触点，完成从重力变化到信号的转换，因此智能手环的第二大功能是运动计步、卡路里和距离计算，如图 6-19 所示。

3. 超长续航

智能手环采用日本精工锂聚合物电芯，具备超长续航功能，充电 20 分钟，可以待机 5~7 天，如图 6-20 所示。

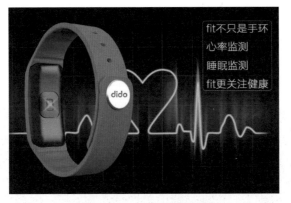

图 6-18 心率、睡眠监测

图 6-19 运动计步、卡路里和距离计算

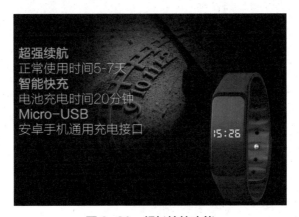

图 6-20 超长续航功能

6.5.2　三星智能手环

三星 Gear Fit 是一款为运动爱好者打造的智能佩戴设备，既可单独佩戴也可与其他时尚配饰一起佩戴。作为首款曲面炫丽屏，三星智能手环通过符合人体工程学的弧度设计，让用户佩戴舒适之余又尽显美感，如图 6-21 所示。

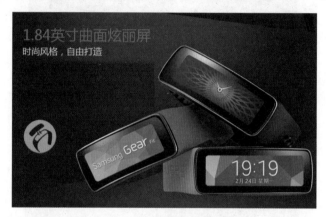

图 6-21　三星 Gear Fit 外观设计

三星 Gear Fit 不仅外观好看，而且功能众多。下面笔者为大家介绍三星智能手环的一些功能特征。

1. 查看通知功能

三星智能手环是即时智能手机提醒器，和智能手机配对后，不用触碰手机就可以看到智能手机上的通知，如时间、短消息、来电显示等，如图 6-22 所示。

图 6-22　查看通知功能

2. 健康管理

三星智能手环采用了一块弯曲的弧形屏幕。在这个屏幕上，用户可以查看其监测到的各种健康数据，包括计步器数据、自行车运动数据、跑步锻炼数据等，如图 6-23 所示。

图 6-23　健康管理

3. IP67 级防尘防水

智能手环具备 IP67 级防尘防水功能，让用户更加无忧，如图 6-24 所示。

图 6-24　防尘防水功能

6.5.3　Moto 360 智能手表

Moto 360 智能手表的外形设计非常抢眼，特别是精致的金属圆形表盘，更接近于传统手表，打破了自三星 Gear 智能手表以来四边形的格局。Moto 360 智能手表的主要功能特征有以下几点。

1. 全面兼容

这款智能手表全面兼容苹果和安卓系统，如图 6-25 所示。

2. 无线吸磁式充电

设备充电时，只需将智能手表放入充电卡座就能自动开始无线吸磁式充电。图 6-26 所示为无线吸磁式充电。

图 6-25　全面兼容苹果和安卓系统

图 6-26　无线吸磁式充电

该充电技术主要分为小功率无线充电和大功率无线充电两种方式。

3. 心率检测

跑步时，用户可以通过智能手表随时查看动态心率，随时了解自己是否在进行有氧运动，心率检测如图 6-27 所示。

4. 电话实时同步推送

手机来电时，可以实时推送至智能手表，让用户不会漏掉任何一个重要电话，电话实时同步推送如图 6-28 所示。

图 6-27　心率检测

图 6-28　电话实时同步推送

5. 信息实时同步推送

通过智能手表，用户除了能实时接收来电之外，还能接收微信、QQ、短信和新闻等信息，信息实时同步推送，如图 6-29 所示。

6. 支持语音查询功能

在主屏幕唤出语音界面，可以查天气、查车票、查电影、查酒店、查餐厅等，非常方便快捷，支持语音查询功能如图 6-30 所示。

图 6-29　信息实时同步推送

图 6-30　支持语音查询功能

7. IP67 级防水

智能手表具备防水、防尘、防雨、防汗的功能，在洗脸洗手时，不会影响手表的正常使用。IP67 级防水如图 6-31 所示。

8. 表盘随意 DIY

智能手表在设计时配备了上千种表盘，用户可以根据自己的喜好随意 DIY。表盘随意 DIY 如图 6-32 所示。

图 6-31　IP67 级防水

图 6-32　表盘随意 DIY

6.5.4　乐心智能手环

乐心 BonBon 运动手环拥有漂亮的外表，圆圆的表盘搭配纤细的牛皮带有种时尚复古的气质。下面笔者为大家介绍乐心智能手环的特征和功能。

1. 3D 加速度传感器

乐心运动手环配置性能强大的低功耗蓝牙芯片以及 3D 加速度传感器，让测量更准确、性能更强大、耗能更低，如图 6-33 所示。

图 6-33　3D 加速度传感器

2. 优质牛皮带

乐心手环的环带采用优质的牛皮材质，优质牛皮带如图 6-34 所示。

图 6-34　优质牛皮带

3. 功能丰富多样

乐心智能手环的功能非常丰富多样，功能展示如图 6-35 所示。

4. 微信量化运动

乐心运动手环能够自动与微信同步，在微信上，用户随时能获取步数、卡路里消耗、运动距离等数据，微信量化运动如图 6-36 所示。

图 6-35　功能展示

图 6-36　微信量化运动

5. 与好友 PK

用户戴着运动手环运动，会在微信中自动生成排行榜，与好友运动 PK 如图 6-37 所示。

图 6-37　在微信中与好友运动 PK

6. 睡眠监测

智能手环能全程跟踪记录用户的睡眠情况，如入睡时间、浅度睡眠、深度睡眠等，帮助用户了解自己的睡眠状况并做出改善。全程睡眠监测如图 6-38 所示。

智能手环在经过长时间的发展之后，内置 eSIM 虚拟卡，拥有拨打电话、视频通话等功能。可以看出，未来的每个智能家居终端都将拥有上网、通话、语音交互等功能，所有个人信息都将存储在小小的芯片中。随着人的流动，信息也将自动在智能设备之间交流，从而辨别身份、提供服务。

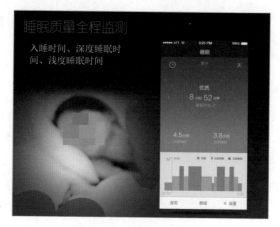

图6-38　全程睡眠监测

第7章

数据：大数据匹配智能家居独有功能

学前
提示

在智能家居领域，数据每时每刻都在产生。面对如此庞大的数据，大数据技术能够挖掘出有价值的信息并予以利用。

智能家居的独有智能功能，也是需要大数据技术在背后匹配和支持的。

- 大数据简介
- 智能家居中的大数据技术
- 智能家居中的大数据发展
- 智能家居中的大数据企业

7.1 大数据简介

大数据，简单来讲就是大量数据。大数据作为一种数据信息，只有经过选择、洞察、流程优化等多个过程，才能成为信息资产，实现数据的增值。

智能终端的不断增长，导致数据也不断产生。因为数据量过大，单台电脑无法承担大量数据的处理过程，所以必须把大数据上传到云端，依托云计算的分布式架构进行处理。

同时，也需要数据库技术、数据挖掘技术、数据计算等相关技术，以挖掘大数据本身的价值和用处。

7.1.1 智能家居中的大数据

随着智能家居进入千家万户和物联网在各行各业的广泛应用，各种智能家居设备无时无刻不在收集着大量的用户数据。这些数据通过有线或者无线的方式，传输到云端进行计算、分析等，最后产生结论反馈给用户，并留存在云端。在经过长时间的使用后，大数据可以让智能家居变得更加智能化、个性化，为智能家居的发展注入新的活力。

大数据也在一定程度上反映了用户的需求，可以说掌握的用户数据越多，就可以越接近用户真实的心理想法，能够更加精准地进行营销。智能家居通过大数据的采集、分析等功能，可以进一步提高服务水平，让用户的生活更加轻松、舒适。

例如，家居环境的温湿度控制，可以通过采集家庭用户的生活数据，将大量的生活数据通过云端计算、分析后，得出最舒适的恒温、保湿度区域。在温湿度有变化时，智能家居就可以自动调整，确保温湿度保持恒定。

7.1.2 智能家居的大数据需求

智能家居的使用是分用户群体、用户地域的。不同的用户需求，导致对智能家居的需求也会有所不同。目前商业化地产、酒店行业、房屋租赁行业、房屋装修行业等都在使用智能家居来提升居住环境。

但智能家居行业对用户的了解还不够，智能家居功能缺少针对性。而收集的用户日常行为数据、用户健康生理数据等大数据内容，正好能够描绘出用户个人画像，增进智能家居厂商对用户的了解。

智能家居采集的大数据内容主要包括：智能家居的使用情况、智能家居故障自诊断信息、智能家居的设备日志、用户的使用时长、用户的交互信息、用户的使用方式等。

其中智能家居的使用情况反映出了智能家居的实际用处，可以帮助企业验证自己的智能家居产品是否真正意义上能为用户提供帮助、产生价值。而智能家居的使用时长则反映出使用该智能家居是否是高频率需求，企业是否需要针对使用率来进行优化。

大数据支撑着智能家居厂商不断优化自身产品、建立行之有效的市场策略。大数据还可以帮助厂商做出二次销售规划，通过采集到的用户使用感受，给予不同用户个性化优惠力度。利用大数据可以为智能家居创造很多的价值，具体如何使用收集到的大数据还需要厂商们不断进行实践探索。

总的来说，智能家居不断产生大数据，而大数据也反过来支撑智能家居更加智能化。每个用户在使用智能家居的过程中成为大数据信息主体，从而不断产生信息。而这些信息能够帮助企业更加了解用户，从用户身上挖掘到更大的价值。

7.1.3 智能家居的大数据现状

各类感应器、无线通信技术的快速应用，智能手机、智能手表等随身设备的大量普及，促使数据信息大幅上涨。根据《2018 年中国大数据行业报告》显示，至 2017 年底大数据整体市场规模达到了 1000 亿元。从细分市场层面来看，基础平台占 100 亿元左右，通用技术占 200 亿元左右，整体行业应用占 7 百亿元左右。其中，政府、金融市场占 200 亿元左右。另外，智能家居行业也是行业应用中的一个重要组成部分，具有很大的发展潜力。

在智能家居、智能穿戴等设备的不断进步，智能设备的智能化基础构成就需要大量的数据。在这样的情况下，大数据就意味着资源和财富。在万物互联时代中，它渐渐成为企业创新的基础。

7.1.4 智能家居的大数据基础设施

在智能家居行业里，利用大数据的分析、处理而实现对信息的掌控是企业和商家抢占先机的关键所在。而要想完成数据的信息提取，一套针对碎片化、可扩展性而设计的数据挖掘的基础设施是必不可少的。挖掘移动大数据的基础设施由 3 个方面组成，具体内容如下。

1. 云计算数据中心

云计算数据中心是传统数据中心发展的结果，它是云计算背景下新的业务需求和资源利用模式与数据中心的完美结合，也是进行大数据各项工作的重要平台和重要的基础设施。云计算数据中心的特点和价值如图 7-1 所示。

2. 存储服务器

在大数据产业中，存储是其中非常重要的一环，因为大数据庞大的体量使得其无法用传统的服务器和 SAN 方法来进行存储，这就需要建立一个大数据存储专用平台（如 Hadoop）来完成处理。在 Hadoop 平台中，用户可以在不了解数据分布式底层细节的情况下，充分利用集群的威力进行高速运算和存储。

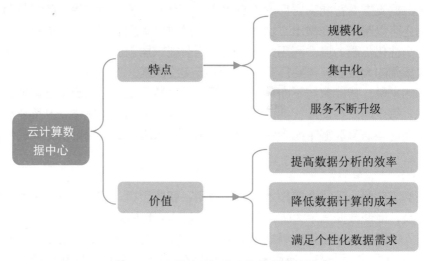

图 7-1　云计算数据中心的特点和价值

其实，大数据的存储主要是要考虑其处理能力和存储容量的可扩展性，在这一方面，有三种方法可以解决移动大数据的存储问题，如图 7-2 所示。

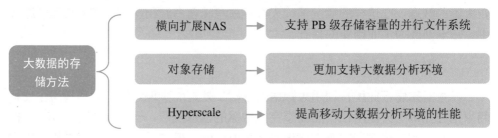

图 7-2　大数据的存储方法

3. 虚拟化模式

上面提到的 Hadoop 利用分布式架构对大数据进行分析和处理，可以说它是所有大数据解决方案中最具成长性的平台。但是 Hadoop 平台带来的昂贵成本问题不容小觑，对许多企业来说都很难承受，因而急需一种模式来解决移动大数据的处理难题。在这一发展形势下，引入了大数据的虚拟化模式，如图 7-3 所示。虚拟化模式具有一定优势，相关软件和数据在虚拟设备上运行，资源得到优化调配，数据将能更加动态、灵活地被管理、分析。

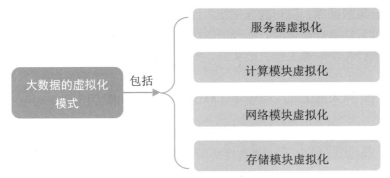

图 7-3   大数据的虚拟化模式

7.2   智能家居中的大数据技术

智能家居作为采集、分析、上传数据的前端智能设备，具有家居环境的独特性和必要性。智能家居的数据技术随着智能家居的发展，也出现了新的变化和问题。

7.2.1   智能家居的大数据技术之边缘计算

边缘计算，简单来说就是智能设备就近计算，或者就直接在智能设备中发生计算。当大数据规模过大时，传输到云端将消耗太多时间，所以产生了智能边缘计算的概念，满足快速响应的要求，并在安全保护、隐私保密等功能提供更好的服务。

现阶段，大部分的大数据工作模式，依旧是智能设备采集数据，并上传至数据中心，数据中心进行计算、分析后将操作指令发送给智能设备，最后智能设备执行操作指令，提供用户需要的服务。但这种模式，有时候却会出现一些问题。下面笔者将一一进行说明。

尽管用户使用智能家居时，大部分智能家居都在同一建筑，甚至同一房间内，也必须与遥远的云端进行通信，才可以实现智能家居所带功能。一旦发生延迟，就可能降低智能家居的可用性。

智能家居采集到的原始数据，必须传输到云端，才能够进行计算、分析。这不仅对网络传输能力和云端储存能力提出了更高的要求，也加大了云端的数据负担。

在原有的模式下，智能家居的智能程度往往取决于云端，云端的运算模型越先进，整个智能家居也就越聪明。一旦智能家居与云端发生网络中断，整个智能家居体系都将无法使用。

于是，边缘计算应运而生，提出了一种新的模式，让每一个智能设备都成为

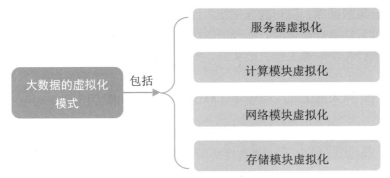

一个微型计算数据库，具有数据采集、计算、分析、发出指令等功能，让智能家居设备无须云端就拥有智能。而云端则负责重要数据的收集、算法的改良、周期性的数据统计和维护等工作，把实时、要求快速做出反应的计算过程都使用边缘计算。

在国内，有大量企业应用边缘计算技术，具体如图 7-4 所示。

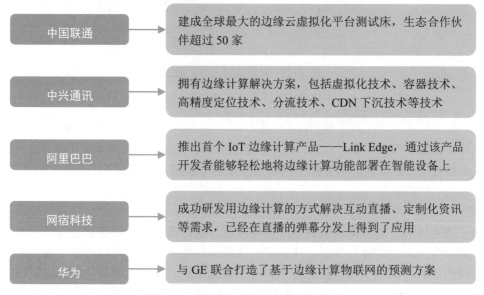

图 7-4　国内应用边缘计算技术的企业

同时，国外的边缘计算技术也在不断发展着，出现了一些开发应用边缘计算技术产品的企业，具体如图 7-5 所示。

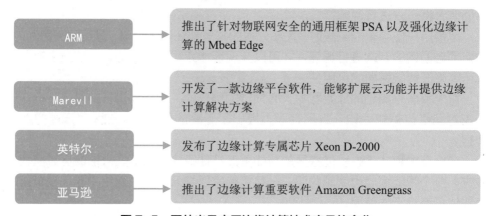

图 7-5　国外出品应用边缘计算技术产品的企业

7.2.2　智能家居的大数据技术之 LPWAN

智能家居大数据是需要进行传输的，而 LPWAN 技术则恰好解决了这一问题。LPWAN，英文全称为 Low-Power Wide-Area Network，翻译成中文是低功耗广域物联网。简单来说，LPWAN 是一种低功耗、低速率、远距离、多节点的无线通信技术。

LPWAN 技术可以大致分为两类，一类工作于无线电未授权频谱，而另一类则工作于无线电授权频谱。无线电频谱是一种有限的、不可再生的资源，大部分无线电频谱都是采取授权管理，避免用户之间产生干扰。

专业的国家管理部门对授权频谱进行严格的限制和保护，只允许得到授权的用户付费接入。目前，公安、铁路、民航等部门均有授权频谱，以保证通信不被干扰。而非授权频谱则是大家都可以使用的频谱，无须得到授权许可，当然也不能对其他频率的无线电产生干扰。下面笔者就对使用无线电授权频谱和非授权频谱的 LPWAN 技术一一进行介绍。

1. LoRa

LoRa 是 SemTech 公司创立的 LPWAN 技术，主要应用在非授权频谱上，如图 7-6 所示。LoRa 的英文全称为 Long Range Radio，翻译成中文则为远距离无线电。LoRa 技术的主要特点为最长 20km 的传输距离，节点数最高百万级别，数据速率一般为 0.3 ~ 50Kbps。而且，LoRa 信号对建筑水泥的穿透力也不错，较低的数据速率也在一定程度上延长了自带电池的使用寿命。在同样的功耗下，LoRa 技术能达到 3 ~ 5 倍的传统无线通信距离。

图 7-6　LoRa 技术

根据 SemTech 的官方解释，一个 8 通道的网关使用 LoRa 技术能够管理 62500 个终端设备。但由于 LoRa 开发的门槛较高，使用该协议组网的设备还比较少，需要运营商和厂商对该技术进行应用并管理，确保通信正常。

现阶段，LoRa 相较于其他工作于非授权频谱的 LPWAN 技术，产业链已经较为成熟，商业化应用也在不断发展中。例如，Microchip 公司推出了支持 LoRa 通信的模块，Bouygues 运营商搭建了新的 LoRa 网络，SemTech 公司也与一些半导体供应商联合推出芯片级 LoRa 解决方案。而且，LoRa 早已经成立了中国 LoRa 应用联盟，由中兴通讯主导，各大物联网企业加入。

2. SigFox

SigFox 是一种采用超窄带技术，工作于非授权频谱的 LPWAN。一般情况下，SigFox 的传输距离最长可达到 50km，其功耗也非常低，单向通信 50 微瓦，双向通信 100 微瓦。使用 SigFox 技术的网络设备每条消息的最大长度为 12 字节，每天发送消息最多为 140 条。可见，在低功耗的优势下，SigFox 也在速率上做出了一些牺牲。

拥有 SigFox 技术的法国公司，放弃了硬件方面的利益，希望通过提供网络服务和技术的方式盈利，能够借此成为全球物联网运营商。现阶段，虽然 SigFox 技术已覆盖法国、西班牙、捷克、澳大利亚、新西兰、美国、英国、荷兰等国家的部分城市，但是其整体技术在市场上的竞争力却在不断下降。

3. NB-IoT

NB-IoT 是一种工作于授权频谱的 LPWAN 技术，如图 7-7 所示，由七大组织联合成立的国际计划 3GPP 建立。该技术的英文全称为 Narrow Band Internet of Things，翻译成中文即为窄带蜂窝物联网。NB-IoT 具有以下四大特点。

图 7-7　NB-IoT 技术

（1）覆盖较广。NB-IoT 具有更好的覆盖能力，比现有的网络提高 20dB 增益，相当于覆盖能力提升了 1 百倍。

(2) 连接更多。NB-IoT 单个扇区能支持 10 万个连接，单个基站能够支持 5 万个终端接入。

(3) 功耗更低。NB-IoT 使用了 DRX 省电技术和 PSM 省电模式，理论上终端的电池使用时长可以达到 10 年时间。

(4) 成本更低。随着华为的大力推进以及政府支持，NB-IoT 吸引了大量国内外相关厂商加入。现阶段，单个模块的价格不会超过 5 美元。

4. eMTC

eMTC 是基于 LTE 协议演进，对 LTE 协议进行优化的 LPWAN 技术，如图 7-8 所示。其终端支持 1.4MHz 的射频和基带带宽，可直接接入现有的 LTE 网络。eMTC 的最大特点是支持移动并可以定位，工作在授权频谱，通信质量可靠、安全。

图 7-8　eMTC 技术

5. EC-GSM

随着各种 LPWAN 技术的兴起，原有的 GSM 技术开始衰落。在这种情况下，3GPP 推出了 GSM 针对物联网的演进技术，即 EC-GSM。

EC-GSM 也是工作于授权频谱，可与 GSM 混合部署，但其技术功耗较大，也较难做到全范围室内网络覆盖。

6. Telensa

Telensa 和 SigFox 类似，也是利用超窄带技术的 LPWAN。该技术具有长距离、低功耗、低成本、双向通信等特点。其网络部署已经遍布 30 多个国家中的部分城市，在智能照明、智能停车等领域有了一定进展。

7. Weightless

Weightless 作为 LPWAN 技术之一，其中包括三个协议，分别是 Weightless-W、Weightless-N、Weightless-P。下面笔者一一进行说明。

Weightless-W 协议利用了扩频协议、时分双工、单载波调制等技术，提供良好的互联网通信服务。但该协议是建立在广电白频谱上的，因此它一直被搁置，直到频谱可用性较为确定时才启用。

Weightless-N 是工作在非授权频谱下的窄带网络协议，可以在 7km 的距离内提供低成本的单向通信。

Weightless-P 也是利用窄频通道，类似于其他超窄带（UNB）技术。在 2017 年，国内的铂讯科技有限公司正式加入 Weightless 董事会，为 Weightless 的进步提供自己的力量。

在 LPWAN 技术领域，呈现出百家争鸣的现象。各个技术都有自己的长处与短处。虽然现阶段的 LPWAN 技术还远远称不上成熟，但随着科技的发展，笔者相信，各个 LPWAN 技术都可以在相关领域找到自己的一席之地。

7.2.3　智能家居的大数据技术之五大框架

大数据的基本流程和传统的数据处理流程区别不大，主要一点区别在于大数据处理的数据量过大，结构化程度不高，所以需要利用 Hadoop、Storm、Samza、Spark、Flink 等处理框架对数据进行计算。下面笔者简单介绍这 5 大框架。

1. Hadoop

Hadoop 是一种批量处理大容量静态数据集，并在计算过程完成后返回结果的处理框架，也是首个在开源社区获得极大关注的大数据处理框架。Hadoop 包括多个组件，如 HDFS（分布式文件系统）、YARN（集群协调并管理底层资源的资源管理器）、MapReduce（批量处理引擎）等。

但 Hadoop 只能处理静态数据集，每次处理数据集需要重复读取、拆分、计算、合并、写入等多个操作过程，数据处理速度往往比较慢。

2. Storm

Storm 是一种可以对进入系统的数据随时进行计算，可以处理非常大量的数据并提供极低延迟的计算速率。当数据进入系统之后，Storm 会利用各种工具，对传入的数据进行不同步骤的转换。

现阶段，Storm 可以说是实时处理数据方面的最佳框架，可用于希望以最低延迟速率工作的网站、APP 等。同时，Storm 也可以和其他工具，如

Trident、YARN 等集成使用，为用户提供更多的选择。

3. Samza

Samza 是一种与 Kafka 消息系统紧密相连的即时处理框架，可以最大程度上发挥 Kafka 系统的容错、缓存等优势。Samza 同样可以使用 HDFS、YARN 等组件，为系统提供十分稳定的功能和数据存储。但 Samza 对组件和其他系统的依赖，导致计算时会出现一些严重的性能问题。

目前，Samza 只支持 JVM 语言，这表示在计算机语言支持方面，Samza 不如其他框架灵活。

4. Spark

Spark 是一种既可以即时处理，也可以静态处理的下一代处理框架。Spark 既可以加快处理工作的运行速度，也可以完善内存的计算模式。

Spark 的数据处理工作主要在内存中进行，只有开始和结束时会跟储存层发生交互。并且在内存中进行任务时，其处理方式能够大幅度提升性能，特别是与磁盘有关的存储任务。Spark 也实现了微批技术，将数据流视为一系列的"批"，借此进行实时处理。但跟真正的流处理框架相比，还是有一定的不足。

即便如此，Spark 依旧拥有较快的速度和较多的选择，形成了包含各类工具的生态系统，可大幅提高生产力，为大数据提供更好的支持。

5. Flink

Flink 是一种批量处理数据，并将批量处理视为流处理的子集加以处理的框架，如图 7-9 所示。因为流处理引擎已慢慢成熟，Flink 将批量处理视为真正的数据流，Flink 的引擎就可以处理大量的数据流。

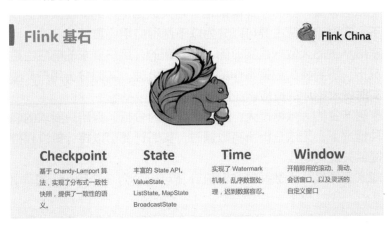

图 7-9　Flink 框架

Flink 可配合多种后端系统创建预定快照，一旦遇到计算问题后也可以及时恢复。此外，Flink 还拥有处理会话、对批量处理任务进行分解、时刻调用不同组件等功能。

Flink 的组件大多是自行管理的，意味着 Flink 可以提供低延迟、高吞吐率等能力，无须手工优化和调整。目前，Flink 还处于应用的初期阶段，兼容性不够好，需要进一步改进。

不同的大数据处理框架可以处理不同状态、不同时间需求的数据。具体使用哪些框架和框架组件，用户需要认真权衡需求，并考虑可能出现的问题。基于性能、兼容性、时间等不同要求，各大框架呈现出相互融合的趋势，或许会形成新一代的大数据处理框架。

7.3 智能家居中的大数据发展

智能家居提供了大量的用户日常数据，而这些数据也推动着大数据在不断向前发展，大数据的数据库能力也在不断提升。应用大数据技术，智能家居产品将更好地服务用户，实现大数据的采集和控制功能。基于大数据平台的分析，用户的生活也会变得更健康、更舒适。目前的大数据技术已经比较智能，给智能家居行业带来了较大的发展。

7.3.1 智能家居的大数据发展之实时流计算

实时流计算，简单来说是因为大数据的数据量过大，数据的持久性价值不高，大数据急需实时分析并得到计算处理。这种实时流计算在各大领域都有应用，例如智能家居、网络监控、传感检测等。

在智能家居领域，实时流计算都是针对大数据进行的。在大数据技术不断发展的背景下，实时流计算主要可以分为以下两种应用场景。

智能家居产生的大数据是实时的、不间断的，用户要求的响应也是实时的。在这种情况下，需要将大数据看作数据流进行处理，实时分析用户产生数据时的含义，并实时做出相应的反应。

智能家居产生的大数据过大，无法进行实时分析，但用户要求的响应是实时的。在这种情况下，无法分析所有数据时，实时计算可以将计算过程推后处理，先为用户提供关键词响应。

在智能家居领域，大数据的实时流计算可以分为 3 个阶段，具体如图 7-10 所示。

实时流计算也让智能家居终端的反馈变成了实时反馈，能够以最快速度让用户感受到智能家居的智能服务，十分便捷方便。

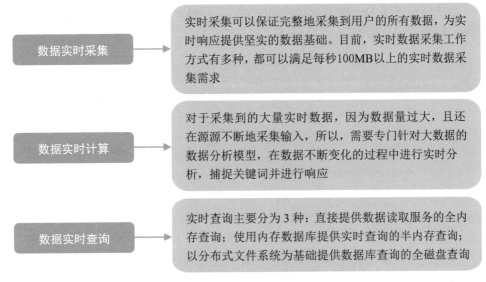

图7-10 大数据的实时流计算的3个阶段

7.3.2 智能家居的大数据发展之区块链

区块链技术，简单来说，就是分布式共享数据库。而在智能家居领域，数据库一般都是在云端，而不是分布在每一台设备中。

但随着科技的发展，边缘计算、实时流计算等概念的出现，分布式共享数据库慢慢进入每一个智能家居产品中。笔者认为，区块链技术将会给智能家居行业带来新的技术革新。一般来说，区块链分为3种类型，具体如图7-11所示。

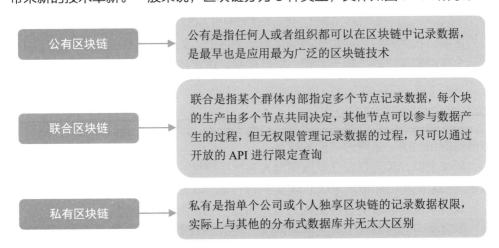

图7-11 区块链的3种类型

区块链技术作为一种新型的数据库模式，有诸多特点，其中有 5 个特点最为明显，如图 7-12 所示。

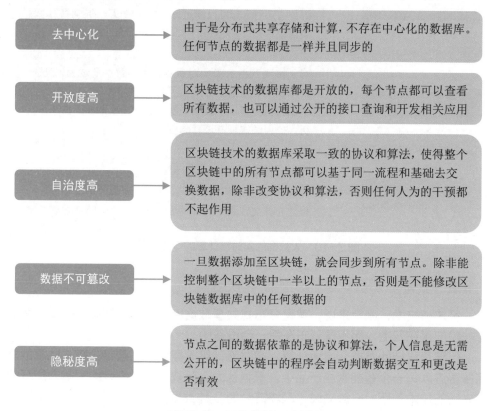

去中心化	由于是分布式共享存储和计算，不存在中心化的数据库。任何节点的数据都是一样并且同步的
开放度高	区块链技术的数据库都是开放的，每个节点都可以查看所有数据，也可以通过公开的接口查询和开发相关应用
自治度高	区块链技术的数据库采取一致的协议和算法，使得整个区块链中的所有节点都可以基于同一流程和基础去交换数据，除非改变协议和算法，否则任何人为的干预都不起作用
数据不可篡改	一旦数据添加至区块链，就会同步到所有节点。除非能控制整个区块链中一半以上的节点，否则是不能修改区块链数据库中的任何数据的
隐秘度高	节点之间的数据依靠的是协议和算法，个人信息是无需公开的，区块链中的程序会自动判断数据交互和更改是否有效

图 7-12　区块链的 5 个特点

区块链技术带给智能家居的变化是革命性的，如果将区块链技术真正应用到每一个智能家居终端，则无须担心信息泄露、信息盗取等问题。

7.3.3　智能家居的大数据发展之深度学习

智能家居里的智能概念与深度学习密切相关，而深度学习则需要大量数据的特征提取和归纳，最终形成预测行为。

简单来说，深度学习是机器模拟人脑神经网络的研究，通过组合各种特征形成更加抽象的特征和概念来表示现实中的物体，以充分利用大数据的数据本质。

深度学习包括以下 3 种架构，具体如图 7-13 所示。

深度学习的根本在于人工神经网络，应用多个算法让人工神经网络能够进行自我特征学习、特征归纳等，利用多种方式来提取分层特征，提高算法效率。

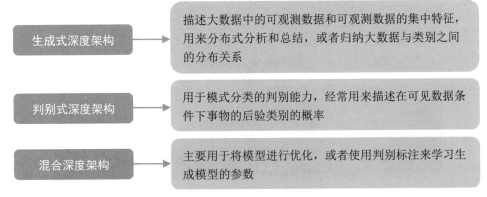

图 7-13 深度学习的 3 种架构

同机器学习类似，深度学习也分无监督学习和监督学习，不同的学习框架下建立的模型不同。例如，卷积神经网络就是一种监督的深度学习，而深度置信网络就是一种无监督的深度学习。除了无监督学习和监督学习，还有半监督学习和强化学习，在此就不一一列举了。

深度学习让智能家居的智能化变得触手可及，也许在不久的未来，在深度学习技术的发展下，智能家居能够拥有高度类人的智慧和能力。

7.4 智能家居中的大数据企业

智能家居中的大数据企业比较特殊，大数据企业不仅仅只服务于智能家居行业，同时也会与智能金融、智能医疗等智能新行业产生深度交流和合作。从某种意义上来说，大数据企业拥有的数据资源不仅可以在智能家居行业产生价值，更可以对每个用户方方面面的生活都产生不同的价值。

大数据企业可以分为数据采集、基础技术、储存管理、数据流通、分析挖掘、安全监控、日常运维几个方面。通常情况下，大数据企业提供的服务产品是多个方面的集合。下面笔者介绍大数据企业中的领先者及其拥有的相关优势。

7.4.1 浪潮集团

大数据企业中有相当一部分是提供云数据库和云计算功能和服务的，例如百度、阿里巴巴、腾讯，以及其他大数据企业。而浪潮云凭借多个节点和完善的云平台支撑能力，可以提供一站式解决方案，如图 7-14 所示。

针对大数据，浪潮集团还专门开发出云海 Insight HD 软件并通过了国家级软件测评实验室的有关认证。云海 Insight HD 软件具有多个技术优势，具体如图 7-15 所示。

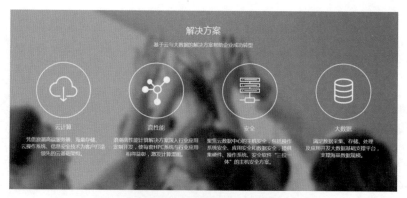

图 7-14　浪潮集团提供的一站式解决方案

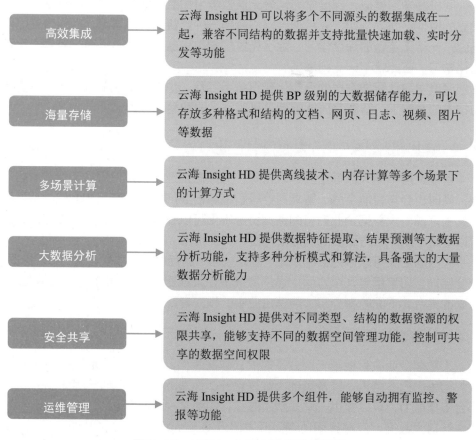

高效集成 — 云海 Insight HD 可以将多个不同源头的数据集成在一起，兼容不同结构的数据并支持批量快速加载、实时分发等功能

海量存储 — 云海 Insight HD 提供 BP 级别的大数据储存能力，可以存放多种格式和结构的文档、网页、日志、视频、图片等数据

多场景计算 — 云海 Insight HD 提供离线技术、内存计算等多个场景下的计算方式

大数据分析 — 云海 Insight HD 提供数据特征提取、结果预测等大数据分析功能，支持多种分析模式和算法，具备强大的大量数据分析能力

安全共享 — 云海 Insight HD 提供对不同类型、结构的数据资源的权限共享，能够支持不同的数据空间管理功能，控制可共享的数据空间权限

运维管理 — 云海 Insight HD 提供多个组件，能够自动拥有监控、警报等功能

图 7-15　云海 Insight HD 软件的优势

在智能家居行业，使用云海 Insight HD 这类专业用于挖掘数据价值的软件，

可以最大程度上使数据快速产生价值，避免浪费。这些有价值的信息能够帮助智能家居设备更好地理解用户的行为，实现更加智能的用户体验。

7.4.2 华胜天成

华胜天成是老牌的互联网厂商，在大数据行业发力已久，提供大数据分析决策服务平台。其功能如图 7-16 所示，该平台集成云端服务器、大数据操作系统、大数据管理、大数据分析、大数据展现等功能，能够快捷方便地提供大数据价值结果，为用户提供大数据一站式解决方案。

简单来说，华胜天成提供的大数据分析决策服务平台能够帮助智能家居企业快速做出正确决策，从众多复杂信息中找出用户的相关价值信息，并给出相应的结果预测和建议。

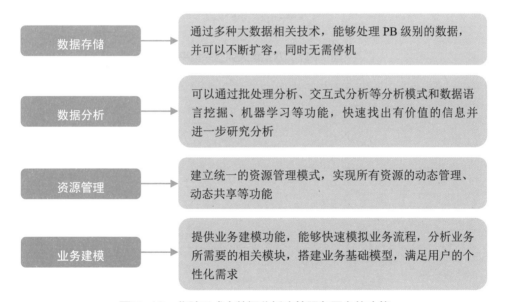

图 7-16 华胜天成大数据分析决策服务平台的功能

7.4.3 视界信息

视界信息是一家主要在大数据采集方面布局的相关企业，其旗下的八爪鱼大数据采集平台拥有多种技术优势，具体如图 7-17 所示。

通过八爪鱼大数据采集平台，用户可以很方便地采集到大量的数据信息，并且可以将数据导出进行整理和分析。而智能家居企业也可以利用这一部分信息，提前了解用户对于智能家居相关产品的意见和建议，并作出相应的优化和改进。

图 7-17　八爪鱼大数据采集平台

第 8 章

资金：各大企业涌入智能家居领域

学前提示

企业，天生就是逐利的。在当前这个消费升级和降级并存的环境下，企业只有生产出性比价高的智能家居产品，才能被消费者们所喜爱。

收购、投资等手段，成为各大企业进入智能家居领域、快速生产智能家居产品的一大方式。

- 国内企业在智能家居领域的投资布局
- 国外企业在智能家居领域的投资布局
- 智能家居领域的投资变化
- 智能家居领域需要投资的企业及产品

8.1　国内企业在智能家居领域的投资布局

　　智能家居虽然早已出现，但真正进入人们的生活却是近几年的事情。一方面是因为人工智能、自动化、人机交互、大数据、无线连接等科学技术的不断发展，另一方面则是因为大笔资金涌入智能家居领域，使得智能家居产品的单价下降。目前，很多智能家居产品的价格已经降至百元以下，十分亲民。

　　各大国内企业在智能家居领域纷纷投资上下游企业，以求在智能家居领域保持市场领先地位。

8.1.1　小米

　　小米在2018年的AIoT开发者大会上宣布，将成立"小米AIoT开发者基金"，投入1亿元人民币，用于投资智能家居人工智能的开发者、相关硬件厂商和技术公司。而且，小米与宜家达成了全球战略合作，宜家的产品将会全线接入小米的智能家居平台。另外，小米在智能家居领域拥有一定的优势，具体如图8-1所示。

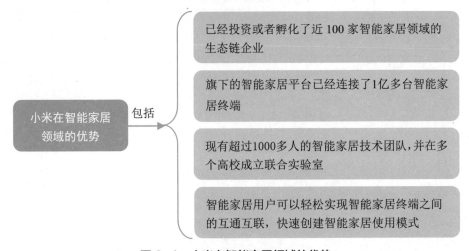

图8-1　小米在智能家居领域的优势

　　现阶段，小米生态链中的智能家居企业有多家，其中华米科技和云米在2018年实现了上市。下面介绍这两家企业以及小米在其中扮演的角色。

1. 华米科技

　　华米科技2018年在美国上市，成为小米生态链中上市的第一家企业。在华米科技的股权结构中，小米持股将近40%，略高于创始人的持股比例。同时，依靠小米带来的渠道和推广，华米科技得到了更多的用户和资金支持。

　　华米科技在可穿戴设备领域的市场份额也在不断提升，早在2017年，就达到了全球出货量的 13.7%。2018 年，华米科技跟美国著名钟表品牌天美时达成了战略合作。小米对华米科技的助力具体可以分为 3 个方面，具体如图 8-2 所示。

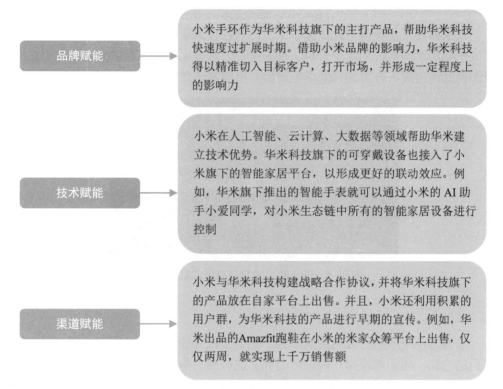

品牌赋能

小米手环作为华米科技旗下的主打产品，帮助华米科技快速度过扩展时期。借助小米品牌的影响力，华米科技得以精准切入目标客户，打开市场，并形成一定程度上的影响力

技术赋能

小米在人工智能、云计算、大数据等领域帮助华米建立技术优势。华米科技旗下的可穿戴设备也接入了小米旗下的智能家居平台，以形成更好的联动效应。例如，华米旗下推出的智能手表就可以通过小米的 AI 助手小爱同学，对小米生态链中所有的智能家居设备进行控制

渠道赋能

小米与华米科技构建战略合作协议，并将华米科技旗下的产品放在自家平台上出售。并且，小米还利用积累的用户群，为华米科技的产品进行早期的宣传。例如，华米出品的 Amazfit 跑鞋在小米的米家众筹平台上出售，仅仅两周，就实现上千万销售额

图 8-2　小米对华米科技的助力

华米科技在快速发展的同时，也在不断地扩展产品线，例如外套、跑鞋等。图 8-3 所示为华米推出的 Amazfit 羚羊轻户外跑鞋。

图 8-3　Amazfit 羚羊轻户外跑鞋

2. 云米科技

云米科技作为小米的生态链企业之一，旗下的产品主要是智能净水系统和智能家电。现阶段，云米科技主要依靠小米带来的市场渗透能力进行销售，例如，2018 年上半年云米科技收入的 63% 都是来自小米的渠道，大约 6.5 亿元。

云米科技不仅渠道方面依靠小米，而且在技术研发方面，也和小米合作研发了关于智能净水系统的多个专利。现阶段，云米推出了全屋互联网家电的概念，意图借此销售旗下开发的其他家电产品，形成联动效应，如图 8-4 所示。

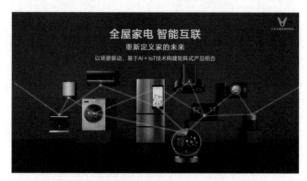

图 8-4　云米的"全屋互联网家电"概念

8.1.2　华为

华为与小米不同，现阶段的华为，主要是以开放智能家居平台、操作系统源代码的方式，与智能家居厂商进行合作。这种模式导致华为是用技术投资与企业合作，而不是直接进行资金投资来控股企业。目前，华为不仅和京东签订了合作协议，双方智能家居产品可以互通互联，而且已经跟各大家电企业合作推出多款智能家居产品。例如华为和方太合作推出的这款电蒸箱，如图 8-5 所示。

图 8-5　华为与方太联合推出的电蒸箱

可以看出，华为旗下的 HiLink 系统作为智能家居控制中枢，未来将进入更多的智能家居产品。华为也在 2018 年宣布了百亿计划，争取三年内实现搭载 HiLink 的智能家居能够达到百亿美元销售额。

8.1.3 联想

在智能家居领域，联想投资了旷视科技、中奥科技、超融合技术厂商 SmartX 等智能家居基础技术领导厂商。同时，联想推出了 SIOT 合作社计划，针对新加入的开发者也推出了千万奖励加速计划，如图 8-6 所示。

图 8-6　联想推出的"千万奖励加速计划"

联想通过自身销售的智能家居设备，不断采集用户数据，通过大数据和云计算分析用户，形成智能家居闭环。同时，联想也打算在 5 个方面，寻找合作伙伴并通过资金投资、技术投资等方式，加强对上下游企业的掌控力度，具体如图 8-7 所示。

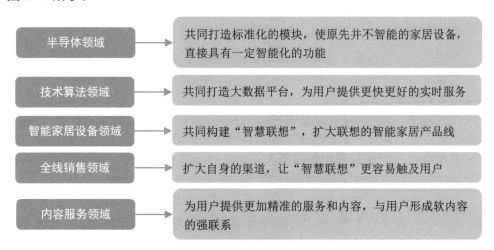

图 8-7　联想寻找合作伙伴的 5 个领域

8.1.4　海尔

在智能家居领域，海尔不仅跟百度、软银等知名企业达成战略合作，更是创建了海尔创客实验室。通过高校联合、成立线下实验室等方式，给予有技术、有想法的创客一个平台，让创客能够更好、更快地研发智能家居产品，帮助海尔扩充智能家居产品线。

在物联网时代，海尔积极对接智能家居上下游产业、风投机构等，为创客的项目落地提供帮助。海尔的目标，是形成创业生态圈，让资金到能研发新型智能家居产品的创客手中。为此，海尔推出了联合创教计划，如图 8-8 所示。

图 8-8　海尔的"联合创教计划"

8.1.5　美的

美的在三年内投资了 150 亿元来推进智能家居战略，并投资 30 亿元在顺德搭建智能家居全球研发中心和孵化基地。2017 年，美的更是收购了德国库卡公司，意图进入智能家居高端领域。

可以看出，美的对智能家居的布局，主要以自研和收购为主。但在另一方面，美的和地产商，例如万科、保利、恒大、碧桂园、绿地等深入合作，推出了"集采配套模式"，提供全屋智能解决方案和智慧社区解决方案。图 8-9 所示为美的的全屋智能解决方案，图 8-10 所示为美的的智能社区解决方案。

同时，美的也跟高端酒店、长租公寓等进行智能家居系统深入合作，例如洲际、希尔顿、万豪、喜来登、旭辉领寓、龙湖冠寓等，通过直供模式，降低中间成本并在工程期间进行监理，确保工程质量。

图 8-9 美的的全屋智能解决方案

图 8-10 美的的智能社区解决方案

8.2 国外企业在智能家居领域的投资布局

自 20 世纪 90 年代，比尔·盖茨发布未来之屋的构想，并成功建造后，国外就开始兴起智能家居的风潮。经过近 30 年的发展，国外的智能家居渐渐呈现出寡头化的趋势。创业型公司大多都被硅谷几大企业收购，出现独角兽企业的情况随着时间的推移变得越来越少。

8.2.1 亚马逊

亚马逊作为硅谷的巨头公司，在智能家居领域，不仅推出了智能音箱 Echo 系列、语音助手 Alexa 等，更是在智能家居领域，频频收购相关企业，通过旗下基金 Alexa Fund 布局智能家居全产业链。

Alexa Fund 是亚马逊围绕语音助手 Alexa 而设立的基金。这只成立了 3 年的投资基金，完成了 40 多项的投资，其中有智能喷水器公司 Rachio、智能烤箱公司 June、智能宠物喂食器公司 Petnet、智能音响系统公司 Musaic、智能安防摄像头公司 Scout Security 等。

2018 年，Alexa Fund 更是用超过 10 亿美元的价格收购了美国加州的智能门铃企业 Ring，意图对标谷歌旗下的 Nest Cam，如图 8-11 所示。亚马逊对 Ring 的处理方式也跟其之前的收购类似，在保持 Ring 独立运行的同时，加强与亚马逊旗下智能家居产品的互联。

图 8-11　Nest Cam

除了直接收购外，Alexa Fund 的投资大多集中在初创公司的种子轮和 A 轮。当然，也有例外，例如，Alexa Fund 在 B 轮和 C 轮都对智能家居硬件公司 Ecobee 进行了投资。

智能家居硬件公司 Ecobee 的主要业务为智能温控器的生产和销售，竞争对手为谷歌旗下的 Nest。而且，在 2018 年，亚马逊也禁止在自家网站上销售 Nest，进一步加剧了双方竞争的状态。

除了投资本身生产智能家居硬件的公司外，Alexa Fund 也投资了智能家居相关技术公司，例如，人工智能技术公司 Semantica Labs、人工智能实验工具公司 Comet、NLP 训练语料众包平台 DefinedCrowd 等。

甚至更进一步，Alexa Fund 对建筑公司 Plant Prefab 也进行了投资。位于美国加州的 Plant Prefab 是模块定制住宅的领先者，采取自动化模块的方式来建造房屋，其官网声称相较于传统建造商，可以将时间缩短 50%，成本降低 10% 到 25%，如图 8-12 所示。

图 8-12　建筑公司 Plant Prefab 官网页面

8.2.2　谷歌

在智能家居领域，谷歌主要的投资便是以 32 亿美元收购 Nest，旗下的主要业务是智能恒温器、智能摄像头等，并以 Nest 为主体，收购 Dropcam、Revolo 等智能家居公司。

2017 年，Nest 取得了 7.26 亿美元的收入，但亏损达到 6.21 亿美元，其中谷歌在其智能摄像头、警报系统和视频门铃上的投入超过 5 亿美元。除了 Nest 以外，谷歌的大部分智能家居投资，更多的是投资尖端技术，例如人工智能、大数据等。

谷歌的母公司 Alphabet 也成立了相对独立的 Google Ventures、CapitalG、Gradient Ventures 等，对尖端技术进行不同程度的投资。

例如，Google Ventures 到目前为止，已经投资了 3 百多家企业，管理资金约为 24 亿美元，每年的投资金额预计能达到 5 亿美元。其中便包括智能家居、人工智能、大数据等领域。

跟传统的投资基金相比，谷歌母公司 Alphabet 旗下的基金，具有 3 个优势，具体如图 8-13 所示。

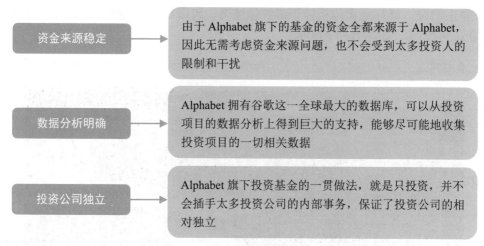

资金来源稳定	由于 Alphabet 旗下的基金的资金全都来源于 Alphabet，因此无需考虑资金来源问题，也不会受到太多投资人的限制和干扰
数据分析明确	Alphabet 拥有谷歌这一全球最大的数据库，可以从投资项目的数据分析上得到巨大的支持，能够尽可能地收集投资项目的一切相关数据
投资公司独立	Alphabet 旗下投资基金的一贯做法，就是只投资，并不会插手太多投资公司的内部事务，保证了投资公司的相对独立

图 8-13　Alphabet 具有的 3 个优势

8.2.3　苹果

苹果公司的投资模式一般分为两种。一种是维持自身核心竞争力的投资，另一种则是扩展生态链的投资。随着智能家居的不断发展，苹果也对人工智能领域加大了投资，例如收购了 Regaind、Lattice Data 等人工智能相关技术公司。而且苹果也收购了很多半导体公司，例如 Anobit Technologies、PrimeSense、Authen Tec 等。

2017 年，苹果收购了智能家居初创公司 Silk Labs，意图扩展自身的生态链。而苹果旗下的 HomeKit 智能家居平台，如图 8-14 所示，则在不断降低入场标准。

同时与各国房地产商联合推出智能家居

图 8-14　苹果 HomeKit

项目，意图利用苹果封闭稳定的智能家居生态提供全屋智能家居定制系统，进一步扩大苹果自身在智能家居领域的影响力和竞争力。

8.3　智能家居领域的投资变化

智能家居领域，作为目前火热的投资领域，出现了很多新型的中小企业，意图以互联网模式颠覆传统家居产业，从而占据智能家居市场和家居市场的部分位置。

8.3.1　国内市场

在 2018 年上半年，智能家居领域融资事件为 21 起，亿元以上融资为 9 起，如优点科技、云丁科技、雷鸟科技、极米科技、绿米联创等。随着 AI 智能音箱、智能门锁和扫地机器人的单品爆发，智能家居再次呈现出了很高的市场热度，受到普通消费者的关注和接受。

但就目前来说，智能家居领域存在的智能化程度不高、人机交互体验较差、智能家居伪需求过多等问题，并没有得到解决。智能家居的真正应用场景，更多集中在房地产、酒店、长租公寓、智能小镇等全屋定制智能家居。

获得投资的企业部分为基础技术公司和终端硬件制造公司，例如 C+ 轮总融资额为 22.85 亿元的云知声，如图 8-15 所示。该公司在语音识别、大数据技术等方面拥有一定的领先技术。而号称智能门锁第一品牌的云丁科技，则专注于智能门锁这一智能家居安防领域，C+ 轮获得 2.7 亿元融资金额。

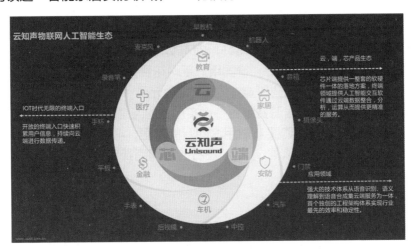

图 8-15　云知声

现阶段，大部分普通消费者对于智能家居的需求还是以单品为主，对智能家居的需求主要集中在智能安防、智能照明、智能影音等细分领域。其中，主要有两方面的原因，一方面是因为这些场景需求使用频率高，市场也就相对活跃；另一方面，则是因为置换成本低，往往只需要添加硬件即可，不需要较大幅度的改动。

8.3.2　国外市场

国外市场智能家居发展良好的主要有美国、欧洲各国等。受益于人工智能、大数据等基础技术的发展领先和国外居住面积平均较大，智能家居起步更早而且更加成熟。其投资往往也集中在老牌互联网巨头企业，智能家居初创公司也大多会接受收购或者融资，加入巨头企业旗下平台功能。下面笔者简单介绍美国、德国、英国的智能家居市场情况。

1. 美国

作为智能家居的发源地，至 2018 年，美国共有 4000 多万个家庭使用大量智能家居产品，构成智能家居系统。这一数字相较于 2017 年，增长了 20% 以上。

据有关数据显示，2018 年美国智能家居产品总销售额已超过两百亿美元。而且在之后的三年，每年的总销售额都将增长 15% 左右。2018 年，美国的智能家居普及率为 30% 以上，三年后，则会达到 50% 以上。

但智能家居厂商对消费者还需要进一步引导，据有关数据显示，尽管一半以上的消费者知道智能家居的基本工作环境，但对其实际操作流程却不甚了解。美国的智能家居市场还有巨大的潜力可以挖掘，需要智能家居厂商共同努力并降低价格。

2. 德国

德国的智能家居市场也发展良好，拥有智能家居的用户占德国人口总数的 15% 以上。在智能家居设备上，德国用户平均花费 130 美元以上。到 2022 年，德国智能家居产业预计年销售额能达到 60 亿美元。

同时，德国的智能家居消费者更考虑实用性的问题。据有关数据显示，一半以上的德国消费者会考虑购买节能用途的智能家居，40% 左右的德国消费者会考虑购买安全用途的智能家居，30% 左右的德国消费者会考虑购买防盗用途的智能家居。

3. 英国

英国的智能家居用户占总人口的 20% 左右，预计到 2022 年，比例将会翻一倍。而且，英国的智能家居年销售总额也将从 2018 年的 28 亿美元增长至 58 亿美元。

根据有关数据显示，英国消费者对智能家居的操作熟悉程度不到一半，但依旧有四分之三左右的消费者想要购买安防用途的智能家居产品。另外，一半左右的英国消费者表示在购买智能家居时，会直接联系智能家居厂商，从而绕过中间的营销环节，最大程度上减少智能家居的购买成本。

8.3.3　智能家居的未来投资发展

智能家居在未来的一段时间内，会继续当前的多厂商企业混战的局面。巨头公司更多地会倾向于做平台，为智能家居产品企业和普通消费者之间构建桥梁；同时，利用基础技术和协议为智能家居产品构建统一的生态。

智能家居行业将不断涌现以明星单品为主的初创企业，进一步细化智能家居市场，将智能家居的用户群不断细分，从而对某一类垂直用户形成一定的品牌效应。

　　智能家居设备将进行进一步的整合，从而构建一个真正意义上的智能家居生态。在构建生态的同时，人工智能的进步将把智能家居的交互模式从被动变成主动，带来有温度的智能关怀。智能家居将成为管家、好帮手一类的角色，从根本上解决用户日常生活上遇到的麻烦和问题。

8.4　智能家居领域需要投资的企业及产品

　　智能家居领域呈现出百花齐放的生态趋势，智能家居企业虽然推出了不错的智能家居产品，但依旧需要大量的投资和合作伙伴来进一步拓展智能家居市场、抢占市场份额。本节笔者将具体介绍在智能插座、智能窗帘、智能温湿度传感器等领域的企业及其产品。

8.4.1　控客科技及小 K 二代智能插座

　　控客科技推出的小 K 智能插座系列，是控客科技旗下名副其实的爆款产品，为控客科技树立了良好的口碑。在过去的一段时间里，控客科技的小 K 智能插座系列已经在 20 多个国家销售，创造了大量的企业收入。

　　目前，控客科技已经在国内多个城市设立了子公司和办事处，为企业和消费者提供智能家居系统和单品。同时，控客科技也加强了对智能插座核心技术、大数据技术、人工智能技术等的研发。

　　2017 年，控客科技正式成为中国智能家居产业联盟和阿里 IOT 合作伙伴联盟的成员，并与南京航空大学联合成立智能家居领域的实验室。同时，控客科技也顺势推出了"控客 100"合伙人计划，用来寻求投资和进一步扩展市场，如图 8-16 所示。

图 8-16　"控客 100"合伙人计划

下面从实用功能、插件拓展功能等方面具体介绍控客科技的明星产品——小K二代智能插座。该智能插座是一款多功能智能插座，用户可以通过APP查看室内温湿度，还能自定义情景模式。

1. 八大实用功能

智能插座拥有八大实用功能，如图8-17所示。

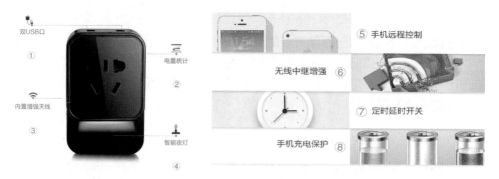

图8-17 智能插座八大功能

2. 插件拓展功能

智能插座拥有四大插件拓展功能：

(1)遥控插件：遥控插件能够用APP联动家中使用红外遥控器控制的电器，如图8-18所示。

(2)射频插件：射频插件能够兼容80%以上的射频产品，例如拉窗帘、开车库等都能通过手机轻松搞定，如图8-19所示。

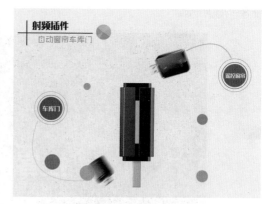

图8-18 遥控插件拓展功能 **图8-19 射频插件拓展功能**

(3)环境插件：室内的温湿度还有灯光照度等可以通过环境插件控制，如图

8-20 所示。

(4) 感应插件：感应插件能感应到 3 到 4 米内活动的人体，联合智能客户端开启小夜灯，防盗防摔，如图 8-21 所示。

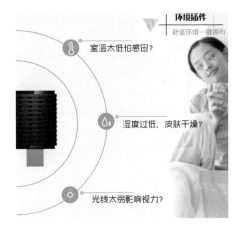 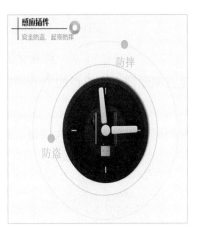

图 8-20　环境插件拓展功能　　　　图 8-21　感应插件拓展功能

8.4.2　杜亚机电及杜亚电动窗帘

杜亚机电是国内领先的智能窗帘和电动窗帘电机制造商，该公司在 2017 年的销售金额达到 13 亿元之多。该公司以 Zigzee 无线通信、智能窗帘等技术为核心，研发了一百多种智能家居技术相关专利。该公司官网上更是号称每 5 秒就有一台杜亚电机被安装，如图 8-22 所示。

图 8-22　杜亚公司官网

同时，杜亚机电也启动了"千家万户"计划，与全国多家单位形成合作关系，也与阿里巴巴、京东等企业联合推出产品。下面笔者介绍杜亚机电的明星产品——杜亚电动窗帘。杜亚智能电动窗帘电机是一款家居智能窗帘电机，如图 8-23 所示。它能控制家中窗帘打开或关闭。

图 8-23　杜亚电动窗帘电机

杜亚电动窗帘电机有如下的特征和不同的控制方式。

1. 主要特征

电动窗帘电机共有 8 大特征，如图 8-24 所示。

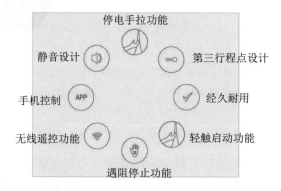

图 8-24　电动窗帘电机的主要特征

2. 手机控制

用户用手机 APP 就能远程控制电动窗帘电机，如图 8-25 所示。

图 8-25　手机控制

3. 遥控控制

电动窗帘电机有多种控制方式，当用户在家的时候，也可以用遥控控制，无线遥控的细节特征如图 8-26 所示。

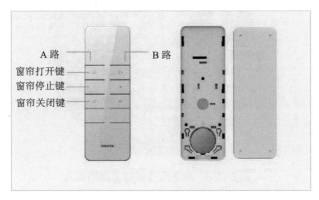

A 路　　　　B 路
窗帘打开键
窗帘停止键
窗帘关闭键

图 8-26　无线遥控器的细节特征

8.4.3　妙观科技及妙昕温湿度传感器

妙观科技主要开发环境监控系列产品，其旗下的妙昕温湿度传感器在淘宝、京东等网络渠道受到了广泛好评。妙观科技旗下产品可应用在智能楼房、智能企业、智能图书馆等场地。同时妙观科技也和智能家居业内的众多企业建立联系，甚至成为合作伙伴。

下面简单介绍妙观科技旗下的明星产品——妙昕温湿度传感器。该温湿度传感器采用 220V 交流电直接供电，即插即用，内部集成高精度传感器，性能稳定，如图 8-27 所示。

图 8-27　妙昕温湿度传感器

妙昕温湿度传感器适用于不同的场所，也有不一样的设计特点和接线规则，具体说明如下。

1. 适用场所

妙昕温湿度传感器除了适用于家居环境外，还适用各种场合，例如车间、冷库、机房等，如图 8-28 所示。

图 8-28　温湿度传感器适用的场合

2. 设计特点

妙昕温湿度传感器采用 LCD 液晶层、外接探头、ABS 环保材料，充满人性化设计，深受人们的喜爱，如图 8-29 所示。

(1) LCD 液晶屏

(2) 外接探头

图 8-29　温湿度传感器的设计特点

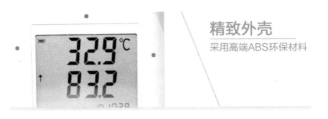

(3)ABS 环保材料

图 8-29 温湿度传感器的设计特点（续）

3. 接线

在安装时，妙昕温湿度传感器需要根据实际功率的大小来接线，功率过小的话无法正常运行，功率过大则容易出现意外事故。

下面以图片的方式介绍两种接线法，小功率接线法如图 8-30 所示，大功率接线法如图 8-31 所示。

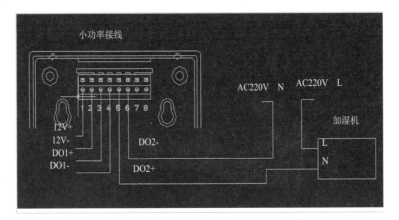

图 8-30 小功率接线法

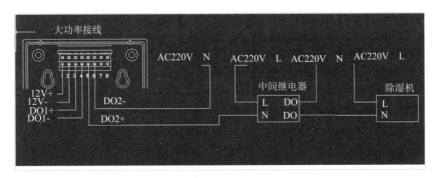

图 8-31 大功率接线法

第 9 章

入口：智能音箱连接所有智能家居

学前
提示

　　2018 年可以说是智能音箱集中爆发的一年，各大互联网企业都将智能音箱作为智能家居的入口，意图搭建平台来控制所有的智能家居设备。

　　智能音箱的火爆，正式宣布语音交互时代的来临。

- 智能音箱简介
- 国内的智能音箱产品
- 国外的智能音箱产品
- 智能音箱的相似产品

9.1 智能音箱简介

随着科学技术的发展，各式各样的智能家居设备走进了人类的生活。于是，便带来了一个巨大的问题，智能家居的控制中枢是哪一个设备，用什么方式进行总体控制？

现阶段，智能家居领域的一部分人认为，进行语音交流的智能音箱是智能家居的控制中枢，语音交互带来了新的智能设备交互模式。根据有关统计，目前在国内推出智能音箱的企业已经超过50家，相关软硬件设备厂商已经超过500家。

9.1.1 智能音箱的概念

智能音箱，简单来说，就是音箱中加入了语音交互和WiFi功能，可以用语音调动其他智能家居设备或者上网，例如开关电视、开关空调、点播歌曲、了解天气等。一般用户在使用智能音箱时，往往是三种对话，具体如图9-1所示。

用户使用智能音箱的三种对话

问答型：即针对某一知识作出提问

任务型：即智能音箱完成用户输入的任务

趣味型：即用户与智能家居进行趣味对话

图9-1　用户使用智能音箱的三种对话

9.1.2 智能音箱相关问题

智能音箱作为智能家居设备的控制中枢，其使用场景决定了任务型的语音对话会成为主要需求。因此如何联合其他智能设备，推出统一的智能家居协议和端口成为重中之重。目前，国内的智能家居还停留在各自为政的地步，虽然推出了很多平台，但智能家居的选择都集中在一两个品牌。

并且，由于国内的方言较多，农村以及三四线人口占全国总人口的一半以上。智能音箱在语音交互这一方面，还需要不断加强本身的技术水平。例如，在2018小米AIoT开发者大会（如图9-2所示）上，小米集团CEO与小米智能语音助理小爱同学时话时就出现了多次错误，展示的智能音箱语音识别率远远谈不上准确。

智能音箱的语音交互技术，不仅要提高语音识别率，同时也要根据用户的不同特征，设计不同的表达方式和话术。成年人、儿童，甚至男性、女性的对话接收模式都是不一样的，用户的使用场景和使用次数也是不一样的。

图 9-2　2018 小米 AIoT 开发者大会

受限于当前的技术水平，大部分的智能音箱产品是以弱人工智能为主。智能音箱远远达不到强人工智能以及情感化交互，也缺乏统一的语言交互设计方案与流程。同时，在智能家居领域，相关的技术人员缺口也很大，语言识别、语言交互等都缺少专家型人才。

智能音箱所处的物理环境，决定着去除噪音、去除回声、声源定位等功能也是需要注意的问题。只有解决了以上问题，才能给予用户真正高度智能化的智能音箱。

9.1.3　智能音箱相关优势

智能音箱相较于其他智能家居设备，之所以能够形成火热的明星单品，这其中自然有智能音箱独特的优势。

智能音箱作为智能家居的控制中枢，所带来的语音交互，从根本上将原先的屏幕交互模式，从三个步骤变为两个步骤。原先的屏幕交互，需要拿出手机或者找到触摸屏，打开 APP 或者程序，然后操作。而语音交互，只需要唤醒，就可以直接操作。

智能音箱作为智能家居的控制中枢，在智能家居这个高频率的使用场景中，可以很方便地收集用户的各种数据。

智能音箱的语音交流更容易给用户带来温暖。语音交流更容易被用户在潜意识里当作两个人在交流。

智能音箱作为一种新型的智能交互设备，未来还有很多可能。目前智能家居市场的火热更是很好地验证了这一点。智能音箱的扩展代表着人工智能的语音领域得到了长足发展，从而进入了市场化的阶段。

9.2 国内的智能音箱产品

国内智能音箱市场的火爆趋势是由国外智能音箱市场的火爆形成的连锁反应。在某种程度上，国内的智能音箱产品大多是仿照国外智能音箱的产品进行再次创新的。基于国内的市场接受程度，国内的智能音箱主要还是应用低价策略来抢占市场。

9.2.1 天猫精灵

阿里巴巴自 2017 年推出天猫精灵以来，先后推出了 X1、M1、方糖、儿童智能音箱等多种型号。以不同的定位来抢占不同类别的客户，从而形成市场占有率和市场口碑。下面笔者对主要的四种天猫精灵型号进行重点介绍。

1. 天猫精灵 X1

天猫精灵 X1 作为阿里巴巴最早推出的智能音箱产品，内置阿里推出的 AilGenie 操作系统，可以实现智能家居产品控制、语音购物、播放音乐等功能。同时，天猫精灵 X1 也采用了专业智能语音芯片、六麦克风收音技术等，以求达到更好的语音交互体验。图 9-3 所示为天猫精灵 X1 的产品参数。

2. 天猫精灵 M1

天猫精灵 M1 采取圆柱式设计，非常小巧轻便，外置可拆卸布网，可进行个性化定制。天猫精灵 M1 的内置系统为 AliGenie 2.0，采取了 360 度发声设计和全频扬声器，能够达到不错的音质。图 9-4 所示为天猫精灵 M1 的产品参数。

图 9-3　天猫精灵 X1 的产品参数

图 9-4　天猫精灵 M1 的产品参数

3. 天猫精灵方糖

天猫精灵方糖作为天猫精灵系列中最便宜的一款产品，在阿里巴巴"双十一"的促销活动中，取得了不错的销量。作为阿里巴巴人工实验室的主打产品，天猫精灵方糖配备了蓝牙 mesh 解决方案，能在 10 秒内快速联网。图 9-5 所示为天猫精灵方糖的产品参数。

4. 天猫精灵儿童智能音箱

天猫精灵儿童智能音箱采取的是可充电设计，续航时间超过 6 小时，并内置火眼识别系统，外面采用的是安全级食品硅胶材质。天猫精灵儿童智能音箱专门为儿童设计，考虑到了教育、安全等问题。图 9-6 所示为天猫精灵儿童智能音箱的产品参数。

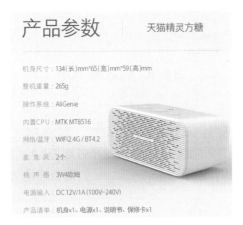

图 9-5　天猫精灵方糖的产品参数　　图 9-6　天猫精灵儿童智能音箱的产品参数

9.2.2　京东叮咚

叮咚智能音箱是京东联手科大讯飞推出的智能音箱系列。该系列产品采取了业界领先的语音交互技术，能够更好地理解用户的语音并做出更加自然的表达。京东叮咚系列智能音箱主要有叮咚 2 代、叮咚 TOP、叮咚 PLAY、叮咚 Mini2 等。

1. 京东叮咚 2 代

在 2017 年亚洲消费电子展上，京东推出了叮咚 2 代智能音箱。叮咚 2 代采取了顶部斜面的设计，并搭载了 LED 触控面板。同时，叮咚 2 代可自定义唤醒词，并在进行多轮对话时，无须、重复说出唤醒词。图 9-7 所示为京东叮咚 2 代。

2. 京东叮咚 TOP

叮咚 TOP 为椭圆形外观，顶部有 LED 灯光带。该智能音箱采取安卓系统，通过京东的开放平台接入第三方资源，也可以通过该智能音箱在京东上购物。图 9-8 所示为叮咚 TOP。

下一首 · 叮咚键 · 休眠键 · 播放键 · 上一首 · 音量控制

Line out接口 · Micro USB 接口

*叮咚键：短按语音搜索／长按开始联网／连按三次开关蓝牙

连接方式	Wi-Fi、蓝牙、Line-out
扬声器数量	1
输出功率	1*1.5W
信噪比	70dB
麦克风数量	8

图 9-7　京东叮咚 2 代　　　　　　图 9-8　京东叮咚 TOP

3. 京东叮咚 PLAY

叮咚 PLAY 搭载了 8 英寸液晶屏，并支持 HDMI 投屏。同时，叮咚 PLAY 拥有 AR 试装功能，可以实现口红、粉底等彩妆模拟试装。依托叮咚 PLAY 自带的高性能处理器，叮咚 PLAY 可以进行拍摄，也可以进行视频通话、语音通话等。图 9-9 所示为京东叮咚 PLAY。

4. 京东叮咚 Mini2

叮咚 Mini2 的语音唤醒率能达到 96%，并可以自定义唤醒词。叮咚 Mini 的外表采用了可回收塑料，整体采取了圆柱形设计。图 9-10 所示为叮咚 Mini2。

图 9-9　京东叮咚 PLAY　　　　　　图 9-10　京东叮咚 Mini2

9.2.3　百度小度

百度早在之前就推出了"All in AI"战略，其背后的人工智能开放平台DuerOS更是成为百度小度智能音箱的坚实后盾。目前，超过200多名合作伙伴搭建的语音交互系统生态让百度小度变得更加聪明。百度小度系统音箱主要有小度智能音箱、小度在家、小度智能音箱Pro。

1．小度智能音箱

小度智能音箱采取全频喇叭、波束成形技术，为用户提供优质的音乐。同时，小度智能音箱内置四核处理器，能更快地识别用户发出的语音。图9-11所示为小度智能音箱的产品参数。

小度智能音箱产品参数

【尺寸】φ90mm x 102.4mm	【CPU】ARM Cortex A53 四核
【重量】约280g	【最大输出功率】>5W
【蓝牙】Bluetooth V4.2	【扬声器灵敏度】80dB/m/W
【Wi-Fi】802.11 b/g/n	【扬声器】1.75 英寸 全频 钕铁硼内磁喇叭
【额定阻抗】6 欧姆	【扬声器频响范围】80Hz~14kHz(-6dB)
【电源适配器】12V/1A	【支持设备】Android 4.4 和 IOS 9.0 以上

图9-11　小度智能音箱的产品参数

2．小度在家

小度在家智能音箱搭载了7寸屏幕，能够进行多方视频通话，同时，具有远程监控、语音拍照等功能。图9-12所示为小度在家智能音箱。

图9-12　小度在家智能音箱

3．小度智能音箱Pro

小度智能音箱Pro采取了全频扬声器和声波反射锥形设计，让用户能够享受到更好的音质。另外，小度智能音箱 Pro 内置了大尺寸喇叭，搭配主动降噪技术，能够在嘈杂环境中识别出用户语音。图 9-13 所示为小度智能音箱 Pro 的产品参数。

小度智能音箱 Pro 产品参数

【尺寸】φ90mm x 209mm	【CPU】ARM Cortex A53 四核
【重量】约 645g	【最大输出功率】>8W
【蓝牙】Bluetooth V4.2	【麦克风】6 个
【Wi-Fi】802.11 b/g/n	【扬声器】2.25英寸 全频 铰铁钕内磁喇叭
【额定阻抗】4 欧姆	【扬声器灵敏度】83dB/m/W
【电源适配器】12V/1A	【扬声器频响范围】80Hz-14KHz(-6dB)

图 9-13 小度智能音箱 Pro 的产品参数

9.2.4 小米智能音箱

小米作为智能家居的领先企业，在智能音箱上也推出了两款产品，分别是小米 AI 音箱和小米小爱音箱 Mini。这两款智能音箱依靠小米一贯以来的技术口碑，获得了不错的销量。

1. 小米 AI 音箱

小米 AI 音箱于 2017 年发布，打造四核处理器，能够快速响应用户需求。而且，小米 AI 音箱的最大优势在于小米庞大的生态链，就目前的智能家居产品来说，小米 AI 音箱能够连接小米旗下的任何智能家居产品。图 9-14 所示为小米 AI 音箱。

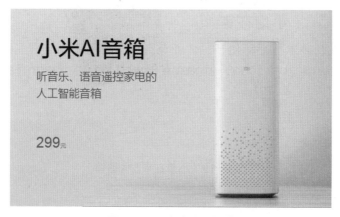

图 9-14 小米 AI 音箱

2. 小米小爱音箱 Mini

小米小爱音箱 Mini 是 2018 年小米推出的智能音箱，支持蓝牙和 WiFi 连接。而且，小米小爱音箱 Mini 的高度仅有 50mm，十分小巧便携。图 9-15 所示为小米小爱音箱 Mini。

图 9-15　小米小爱音箱 Mini

9.3　国外的智能音箱产品

智能音箱最早的现象级产品是亚马逊的 Echo，让用户认识到了语音交互的新魅力。同时，智能音箱也成为搭载人工智能的绝佳智能家居设备。

2018 年，美国的智能音箱用户已达到 5000 万人左右。在智能音箱用户家中，客厅和厨房为智能音箱最常使用的场景。根据有关调研机构显示，到 2020 年智能音箱的用户量有望达到 3 亿人左右。

9.3.1　亚马逊 Echo

亚马逊作为智能音箱最早入局的巨头企业，在市场上占有一半以上的用户数量，并成功发布多款智能音箱产品。亚马逊旗下的智能家居产品种类繁多，智能音箱主要有 Amazon Echo、Amazon Echo Dot、Amazon Tap、Amazon Echo Show 等。

1. Amazon Echo

Echo 是第一个将语音功能植入无线音箱中的智能家居产品。同时，Echo 也内置了 7 颗麦克风，能够给用户提供优质的音质体验。

Echo 可以让用户通过该智能音箱在亚马逊进行购物，也可以进行其他智能家居终端控制。图 9-16 所示为 Amazon Echo。

2. Amazon Echo Dot

Amazon Echo Dot 和 Amazon Echo 并无太大区别。在 Amazon Echo 的基础上，砍掉了扬声器，就是 Echo Dot。

Echo Dot 可以外连其他音箱设备，但没有电池，该智能音箱必须充电使用。图 9-17 所示为 Amazon Echo Dot。

图 9-16　Amazon Echo

图 9-17　Amazon Echo Dot

3. Amazon Tap

Amazon Tap 内置电池，可实现连续播放音频 9 小时，具有一定的便携功能。但为了保存电量，实现 3 星期左右的待机时间，Amazon Tap 需要使用按键来进行唤醒。图 9-18 所示为 Amazon Tap。

图 9-18　Amazon Tap

4. Amazon Echo Show

Echo Show 搭载了 7 英寸的触摸屏，同时装载了前置摄像头，用户可以很方便地进行视频通话。

当前置摄像头捕捉到用户的到来，Echo Show 的屏幕会自动显示天气、时间、小贴士等信息。图 9-19 所示为 Amazon Echo Show。

图 9-19　Amazon Echo Show

9.3.2　谷歌 Home

相较于亚马逊，谷歌虽然较晚入场智能音箱领域，但却呈现出后来者居上的势头。在 2018 年上半年，谷歌智能音箱的出货量就超过了亚马逊。

谷歌将旗下的智能音箱命名为 Home 系列，依靠自身强大的搜索优势和人工智能技术储备，谷歌的智能音箱呈现出良好的语音交互服务。谷歌 Home 系列的智能音箱产品主要有 Google Home、Google Home Mini、Google Home Max、Google Home Hub 等。

1．Google Home

Google Home 采取了 ARM 芯片架构，背部有静音按钮，并可以同时处理语音任务。Google Home 内置 3 英寸扬声器，能够给用户提供优质的音乐享受。图 9-20 所示为 Google Home。

图 9-20　Google Home

2. Google Home Mini

Google Home Mini 的功能与 Google Home 相差无几，也可以直接查询天气、订外卖、网络购物等。而且，Google Home Mini 十分小巧，易于携带。图 9-21 所示为 Google Home Mini。

3. Google Home Max

Google Home Max 可以通过双击智能音箱两侧增大或者减小音量，单击智能音箱中间可以暂停或者播放音乐。同时，Google Home Max 配置了两个低音音箱，音效十分出色。图 9-22 所示为 Google Home Max。

图 9-21　Google Home Mini

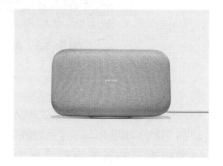

图 9-22　Google Home Max

4. Google Home Hub

谷歌在 2018 年推出了 Google Home Hub，对标亚马逊的 Echo Show。但跟 Echo Show 相比，谷歌为了保护用户隐私，去掉了摄像头。并且，Google Home Hub 搭载了环境情商的功能，能够根据房间灯光自动调节亮度，并在夜晚无人时自动关闭。图 9-23 所示为 Google Home Hub。

图 9-23　Google Home Hub

9.3.3　苹果 HomePod

苹果在 2018 年推出了首个智能音箱——HomePod。该智能音箱内置 7 个扬声器、6 个麦克风、1 个低音炮，能够给用户提供无与伦比的音质享受。HomePad 还搭载了空间传感器，能够在一定范围内将声音聚焦到中心点，保证声音的扩散区域。同时，HomePod 也内置了苹果 A8 处理器，能够快速响应用户的语音任务。图 9-24 所示为苹果 HomePod。

图 9-24　苹果 HomePod

9.4　智能音箱的相似产品

智能音箱在经历一段时间的发展后，带有触摸屏幕的智能音箱逐渐占领高端市场并成为主流。智能音箱本身的功能和形态也越来越跟智能电视、平板电脑类似，出现了融合的趋势。因为从某种角度来说，智能电视、平板电脑就是屏幕更大的智能音箱。下面具体介绍几款智能电视和平板电脑。

9.4.1　三星智能电视

三星智能电视搭载了语音助手 Bixby，能够进行语音交互。同时，三星智能电视也可以播放音乐，给予用户良好的音质享受。

另外，作为智能电视技术的领导者，三星掌握了智能芯片、大数据、人工智能等核心技术，可以引领智能电视的发展潮流。而相对其他类型的电视，智能电视在许多方面具有先天优势。下面从两方面介绍三星智能电视。

1.　画质

三星智能电视采用超高清画质增强技术，可以让用户享受到超高清晰度的画质。

(1) 超高清臻彩画质：智能电视通过大幅度提升调整点的数量来提高色彩的

表现力，让电视的色彩更加自然，同时通过拉伸画面中的主体影像、前景、后景的距离，来增加主体影像的对比度，从而实现接近3D的立体效果，如图9-25所示。

(2) 超高清局域控光：三星超高清局域控光技术可以对虚拟区域中的画质进行优化处理，使整体画面亮度更为均匀，对比度更高，如图9-26所示。

图9-25　智能电视3D立体效果

图9-26　超高清局域控光技术

(3) 智能降噪提高清晰度：三星超高清智能电视可优化和分析多种信号源，帮助降低噪点并提高画质的清晰度，如图9-27所示。

图9-27　智能降噪提高清晰度

2. 智能功能

智能电视的功能十分强大，兼具娱乐性和实用性，具体包括以下几点。

(1) 快速浏览所需：用户在看电视时，若想更换内容，无须退出当前精彩的内容，只需通过屏幕底部的智能电视菜单栏就可以浏览所有内容，如图9-28所示。

(2) 移动设备内容共享：用户一键即可实现移动设备和智能电视之间的内容共享，同时还能保存最后的观看内容，如图9-29所示。

图 9-28　在菜单栏快速浏览

图 9-29　移动设备与电视内容共享

(3) 快速保存观看记录：用户可以将喜爱的精彩内容整合到智能电视的智能中心，这样下次可以直接在智能中心查看观看记录，如图 9-30 所示。

图 9-30　快速保存观看记录

(4) 多媒体共享：智能电视拥有四核处理器，支持秒速开机，同时可以实现多任务处理功能。如果用户在电视上插上 USB，就能实现多媒体共享，能够得到更多的娱乐体验，如图 9-31 所示。智能电视拥有高清晰多媒体端口(HDMI)，该端口可将高清晰数字数据直接从多媒体设备上高速传输至电视上。现阶段，三星智能电视也可以利用 WiFi、Zigbee 等技术连接其他智能家居产品，成为真正意义上的智能家居控制中枢。

图 9-31　多媒体共享

9.4.2 飞利浦智能电视

飞利浦智能电视有多个功能，并具有以下特征：

(1) 保护双眸：经过数年研发，智能电视用独一无二的背光源发光磷粉，改变了短波蓝光强度峰值分布，使得峰值波长从 444nm 变为 460nm，从而净化 90% 以上的短波蓝光，使得智能电视拥有保护双眸的功能，如图 9-32 所示。

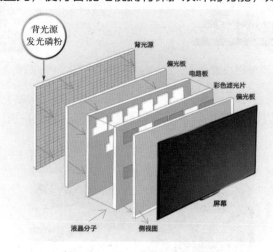

图 9-32　背光源发光磷粉改变短波蓝光强度

与普通电视相比，智能电视在净化短波蓝光的同时，不会减弱画面亮度，色彩保真，如图 9-33 所示。

图 9-33　智能电视色彩依然保真

(2) 4 大画质处理技术：智能电视采用先进的 4 大画质处理技术，给用户展示了更高水准的色彩、对比度和清晰度，如图 9-34 所示。

(3) 八核处理器：智能电视采用八核处理器，一方面利用四核 CPU 运算，帮助后台运行得更快捷；一方面通过四核 GPU 提升图形的渲染力，使画面更加清晰、色彩还原更加逼真，如图 9-35 所示。

图 9-34 4 大画质处理技术

图 9-35 采用八核处理器

（4）360°音频环绕音效：智能电视采用超宽环绕立体声、晶晰声效，能够创造出层次丰富的立体声和环绕音效，令用户欣赏到无与伦比的强劲音效，感受到身临其境的虚拟环绕立体声，如图 9-36 所示。

（5）丰富的应用商城：采用市场主流智能开放式平台，拥有更好的兼容性和稳定性，同时为用户定制海量应用系统，带来更多更丰富精彩的应用体验，如图 9-37 所示。

图 9-36 360°音频环绕音效

图 9-37 丰富的应用商城

9.4.3 苹果平板电脑

苹果旗下众多智能产品之间的智能功能越来越相似，例如智能手表 Apple Watch、智能手机 iPhone、智能电脑 MacBook、智能音箱 HomePod、智能平板电脑 iPad 等，都可以通过语音助手 Siri 进行交互、播放音乐或者记录代办事项。可以说，随着科技的发展，各大智能家居控制中枢产品之间的边界将变得模糊，唯一的区别将是屏幕大小的不同。

下面笔者将具体介绍苹果平板 iPad Pro。该款平板电脑有 11 英寸和 12.9 英寸两个版本，搭载了 A12X 处理器，其性能比很多笔记本电脑都要强很多。

当然，用户也可以用 iPad 连接其他智能家居产品、播放音乐、处理其他任务等。图 9-38 所示为苹果 iPad Pro 平板电脑。

图 9-38　苹果 iPad Pro 平板电脑

第 10 章

初识：智能家居及其相关信息

学前提示

　　智能家居在带来更简便的生活的同时，也让我们的家居生活变得更加安全。

　　智能家居的安防系统主要有三个方面，分别是门锁、摄像头和探测器。这三个方面共同作用，构成了智能家居安全的第一道防线。

● 智能门锁，智能安全的第一道门

● 智能摄像头，随时随地的监控

● 家庭防盗防火系统

10.1 智能门锁，智能安全的第一道门

智能安防的发展已取得了瞩目的成就，随着住宅小区、长租公寓、酒店等智能安防需求的凸现，智能安防当前面临新的发展契机。在安防领域，锁在经历了挂锁、电子锁、指纹锁之后，终于进入了智能锁的阶段。本节笔者将介绍几款智能锁以及各智能锁的特点和功能等。

10.1.1 三星智能锁

三星智能锁是由三星集团旗下高科技产业首尔通信技术株式会社自主开发的产品，是一款让人们的生活更安全、更舒适的智能产品，如图 10-1 所示。

图 10-1 三星智能锁带来安全感

三星智能锁应用第 4 代指纹识别技术，首先认证活体，再识别纹路，用户触摸一下指纹开启键，指纹窗就会自动翻起，同时指示灯亮起。用户将注册过的手指放上去，随着悦耳的提示音，锁就会自动开启，如图 10-2 所示。

图 10-2 三星智能锁的指纹识别技术

三星智能锁采用推拉式开门方式，用户无需拧把手，只须要推、拉即可。同时它还配备了坚固的结构，采用双重保护措施和反黑客技术，能够防止任何强制性的外部入侵，大大提高了住宅的安全性。

下面笔者具体介绍三星智能锁的结构特征、开锁方式和功能。

1. 结构特征

三星智能锁分室外锁体和室内锁体两部分，室外锁体的结构如图 10-3 所示，室内锁体的结构如图 10-4 所示。

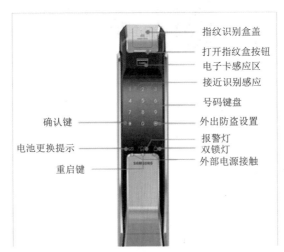

图 10-3　三星智能锁室外锁体结构示意图

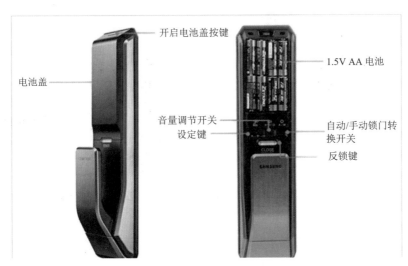

图 10-4　三星智能锁室内锁体结构示意图

2. 开门方式和功能

三星智能锁具备 5 种开门方式，如图 10-5 所示。

图 10-5　三星智能锁的 5 种开锁方式

三星智能锁的功能如下。

1) 功能一：指纹开锁

三星智能锁采用最安全最先进的指纹扫描技术，方便用户身份认证，减少钥匙丢失或密码被破解的担忧，最多能够登记并识别 100 个指纹，方式简单又便利，如图 10-6 所示。

2) 功能二：密码 + 指纹开锁

三星智能锁能够启用双重验证功能，即密码 + 指纹的开锁方式。双重认证模式是指用户开门时需要同时输入密码并经过指纹验证才能开锁，如图 10-7 所示。

图 10-6　三星智能锁的指纹开锁功能

图 10-7　密码 + 指纹双重验证

3) 功能三：靠近激活

三星智能锁具有接近即激活功能，即传感器一旦监测到 70cm 范围内有任何运动的物体，系统会自动激活，如图 10-8 所示。

4) 功能四：通知锁定功能

三星智能锁的室外锁体面板上有一个锁定功能，如果是锁定了，就会通知显示"锁定"状态；如果解锁了，就会通知显示"解锁"状态，如图 10-9 所示。

图 10-8　接近激活功能

图 10-9　通知锁定功能

5) 功能五：静音模式

在夜深人静的时候，用户可以将门锁调节为静音模式，如图 10-10 所示。

6) 功能六：防盗报警功能

三星智能锁触摸面板上有一个"外出防盗设置"按钮，当用户外出时，想要设置外出防盗功能，只要按下"外出防盗设置"按钮即可，如图 10-11 所示。如果有人从窗户或其他通道非法侵入用户的家中，在室内开门时，防盗报警系统就会发出强烈的警报声来提醒用户有人入侵。

图 10-10　静音模式

图 10-11　防盗报警功能

10.1.2　鹿客智能锁

鹿客作为 C+ 轮融资 2.7 亿元的云丁科技子公司，拥有强大的技术实力和资金支持。鹿客智能锁也在 2018 年天猫双十一获得了 1 亿多元的销售金额。鹿客旗下主要有 Q 系列和 T 系列产品，其中 Q 系列可以跟小米生态链中的产品进行互动。下面笔者着重介绍鹿客 Q2 智能门锁。

鹿客 Q2 智能门锁使用了 C 级锁芯，并且进行了特殊电磁防护设计，不会因为"小黑盒"电磁攻击而开门，如图 10-12 所示。

图 10-12　特殊电磁防护设计

鹿客 Q2 智能门锁具有 4 种开锁方式，如图 10-13 所示。其中密码开锁更是支持前后添加虚位密码作为干扰，可以进一步保障正确密码的安全。

鹿客 Q2 智能门锁具备童锁功能，可以防止儿童和宠物意外反锁，小偷也无法从猫眼进行开锁，如图 10-14 所示。

图 10-13　4 种开锁方式

图 10-14　童锁功能

10.1.3 亚太天能智能锁

亚太天能智能锁具备以下特点：

(1) 亚太天能智能锁采用锌合金一体成型面板，利用锌合金不生锈、耐腐蚀的特性，让智能锁更加坚固耐用，能抵挡暴力破坏，同时通过电镀技术保证门锁不氧化、不掉色，如图 10-15 所示。

(2) 亚太天能智能锁采用分离式锁体结构，即面板与锁体分离，经过耐磨测试、抗暴防盗测试等多项性能测试之后，证明当外置的面板被破坏时，锁体依然能够正常运行，具备双重防盗功效。

(3) 亚太天能智能锁采用指纹识别芯片，拥有 10000 条开锁记录和最高 200 个指纹存储量。同时亚太天能智能锁采用了强穿透性红光指纹头，在用户手指潮湿的情况下，识别率更高，同时识别功能不受镜面刮花的影响，如图 10-16 所示。

图 10-15 亚太天能智能锁锌合金一体成型面板

TENON品牌
强穿透性红光指纹头

潮湿识别率更高
识别系统寿命更长更稳
不受镜面刮花影响

图 10-16 强穿透性红光指纹头

(4) 亚太天能智能锁已经升级双核驱动 40 纳米技术，采用美国 A15+A7 双芯片，在原有基础上，性能提升 30%，识别率也更精细。

(5) 通常，在开锁关锁反复使用过程中，容易因摩擦对门锁造成损耗，长久下去，门锁容易出现故障，而亚太天能采用高速运转直驱电机，不仅能够更好地避免故障发生，还能有效地防止磁铁因受到干扰而失效。

10.2 智能摄像头，随时随地地监控

近年来，智能摄像头已经成为智能家居炙手可热的产品。智能摄像头不仅可以让用户随时知道并查看家里的异常情况，还极大地丰富了人们的视觉交互。本节笔者将介绍几款摄像头产品。

10.2.1 小蚁智能摄像头

小蚁智能摄像头是一款具备夜视功能的摄像头，其采用全玻璃镜头，比一般摄像机采用的树脂镜头有更良好的光学性能，画面也更通透、细腻。小蚁摄像头的分辨率是 1280 像素 ×720 像素，能将不容易注意到的小细节完好记录，采用 F2.0 大光圈，即使光线较弱的阴天也能得到良好的观看画质。

小蚁智能摄像头还具备超广角视野，能够覆盖家中大部分区域，当用户查看视频画面时，只要双击画面，就能得到局部 4 倍放大的效果，方便用户查看更多画面细节，如图 10-17 所示。

图 10-17　双击放大

下面笔者将从应用功能和 APP 安装两方面介绍小蚁智能摄像头。

1. 应用功能

小蚁智能摄像头的主要应用功能包括以下几方面。

(1) 自动开启安防模式：用户离家后，智能安防系统就会自动开启，用户通过手机就能随时查看家中的情况，如图 10-18 所示；若用户离家后家中出现险情，小蚁智能摄像头会立刻开启录像功能，并及时发出警报通知用户。

图 10-18　用户通过手机随时查看家中情况

(2) 清晰双向语音通话功能：小蚁智能摄像头不仅能看，还能通过手机进行双向通话，如图 10-19 所示。

（3）移动侦测功能：小蚁摄像头采用全新升级的运动检测技术，可以更精确地识别画面中是否有物体移动，大大减少了因光线变化或其他干扰因素而误报的概率，若侦测出移动物体，小蚁摄像头就会发送警报通知用户，如图 10-20 所示。

（4）安全的本地储存：除了实时观看、及时接收监控异常信息之外，还可以在小蚁摄像头内插入一张 Micro SD 存储卡，如图 10-21 所示，存储的视频可以随时回放。该视频储存在本地，能够防止隐私泄露，还可避免存储在云服务带来的额外费用。

图 10-20　发送警报信息通知用户

图 10-19　清晰双向语音通话功能

图 10-21　安全的本地存储

（5）红外夜视功能：小蚁智能夜视版摄像机内置 8 颗 940 纳米红外补光灯，夜间最佳拍摄范围可达 5 米。不同于传统红外灯芯，小蚁智能摄像机能够保证在使用时不会产生任何可见光污染，配合智能红外技术，不论白天黑夜，画面都同样出色。

10.2.2　睿威仕智能摄像头

睿威仕是广东汕头的一家智能摄像头生产公司，具有一定的自主知识产权。睿威仕旗下的智能摄像头产品不仅在国内进行销售，在国外也有一定数量的中小客户。

作为一家技术型企业，睿威仕汇集了大量专注于视频技术、射频技术等高新技术的人才，在智能摄像机领域拥有一定的技术实力。图 10-22 所示为睿威仕出品的智能摄像头产品。

（1）云端存储：睿威仕智能摄像头的录像能够实时快速上传云端，如图 10-23 所示。

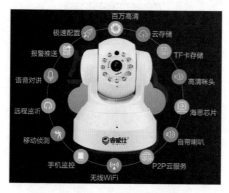

图 10-22　睿威仕智能摄像头　　　　图 10-23　云端存储

（2）随时查看功能：用户可以随时随地查看录像，可以随时随地了解家中孩子、父母、宠物的最新情况。

（3）广角监控：睿威仕智能摄像头支持全方位的云台控制，可以远程操控水平旋转 355°、垂直旋转 120°，让监控无死角，如图 10-24 所示。

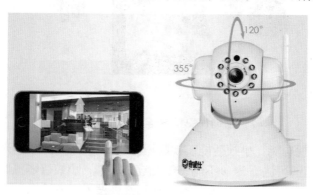

图 10-24　广角监控

(4) 移动侦测：当监控区域出现移动目标时，监控摄像会自动开启录像功能，如图 10-25 所示。当移动侦测没有其他情况触动时，并不会占用太多的容量。

图 10-25　移动侦测功能

(5) P2P 云服务：支持电信、联通、移动、铁通等所有宽带，不限网络，只要有网就能实施远程监控。

(6) 不限用户查看：由于睿威仕与阿里小智合作，通过阿里小智云技术，睿威仕摄像头不限人数，可供多人同时连接同一设备查看视频，且不影响视频传输效果，如图 10-26 所示。

(7) 无须布线：睿威仕摄像头的安装十分简易，无须布线，没有额外的安装流程，即插即用。

图 10-26　不限用户查看功能

10.2.3　小米米家智能摄像机

小米在 2018 年发布了小米米家智能摄像机云台版，该款智能摄像头有 1080P 分辨率，支持红外夜视、双向语音等功能，具体如图 10-27 所示。

另外，小米米家智能摄像机云台版采用了微光全彩技术，即使只有微弱的光线，也可以看到全彩的视频画面，如图 10-28 所示。

图 10-27　小米米家智能摄像机云台版

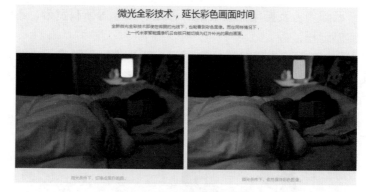

图 10-28　微光全彩技术

　　而且，小米米家智能摄像机云台版支持人形检测的功能，能够对人们的移动和出现做出预警，更加方便用户监控家庭状况，如图 10-29 所示。

图 10-29　人形检测功能

10.3 家庭防盗防火系统

家庭防盗报警系统可以根据区域的不同分为两部分：一部分为住宅周界防盗，即在住宅的门、窗上安装门磁开关；一部分为住宅室内防盗，即在主要通道或重要的房间内安装红外探测器。家庭防火报警系统由家用火灾报警控制器、家用火灾探测器以及火灾声警报器组成。本节笔者介绍几款家庭防盗、防火产品。

10.3.1 刻锐红外探测器

刻锐红外探测器是一款智能探测器，它采用先进的非线性滤光技术及数字逻辑技术，结合模糊逻辑运算程序，再加上精密的 STM 贴片技术，确保了探测器的高灵敏度和强稳定性。同时刻锐红外探测器还采用省电设计，内置适配器提供供电功能，为用户解决断电烦恼。下面笔者从产品结构、功能和注意事项几方面进行介绍。

1. 产品结构

刻锐红外探测器的产品结构如图 10-30 所示。

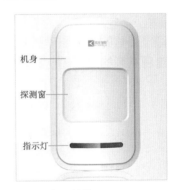

电池后盖
安装支架口
开关
USB 连接口

机身
探测窗
指示灯

图 10-30　刻锐红外探测器产品结构

2. 产品功能

刻锐红外探测器的主要功能特点如下。

1) 远程探测功能

刻锐探测器采用无线 433MHz 的超远信号发射频率，具有超强的探测能力，探测范围在 6~12 米之间。

2) 智能抗白光功能

刻锐探测器特有的光敏元件，以及进口的低噪音双元被动红外传感芯片，具有超强白光能力，能够有效防止误报。

3) 抗宠物干扰功能

刻锐探测器独具的高智能体型识别技术，能够有效防止宠物的干扰，同时也能有效过滤非人体波长范围的光波，还能抗电磁干扰。

4) 稳定不误报

刻锐红外探测器是宽屏结构，广泛应用于客厅、卧室、阳台等场所。当感应到移动物体时会立即发射无线频率信号到主机上，性能稳定不误报。

3. 注意事项

安装红外探测器时，需要注意以下几点：

(1) 安装位置避免靠近空调、日光灯、电暖气、冰箱、烤箱、火炉、阳光等温度会发生快速变化的地方及空气流速较高的地方。

(2) 如果同一个探测范围内安装两个以上的探测器，要注意调节探测器的位置，避免探测器之间相互干扰，产生误报。

10.3.2 佳杰烟感报警器

佳杰烟感报警器不仅可以用于家庭，还能广泛用于其他场所，例如医院、公司、学校等。

佳杰烟感报警器的工作原理是：当空气中冒出烟雾时，传感器能将烟雾浓度变量转换成对应关系的信号输出，将火灾控制在萌芽阶段，如图 10-31 所示。

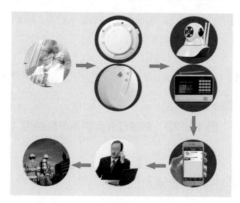

图 10-31 佳杰烟感报警器的工作原理

接下来笔者将从搭配使用方案、安装布线及不适宜使用的场所等三方面介绍佳杰烟感报警器。

1. 搭配使用方案

搭配使用方案有两种：一种是和监控报警主机搭配使用，一种是和 GSM 报警器主机搭配使用。

(1) 搭配监控报警器主机：与监控报警主机搭配使用，当发生火灾时，现场会发出报警提示，摄像头会将接收到的信息远程发射到用户的手机，用户可以远程通过摄像头了解现场情况，如图 10-32 所示。

图 10-32 搭配监控报警器主机使用

(2) 搭配 GSM 报警器主机：与 GSM 报警主机搭配使用，原理和搭配监控报警器主机使用的原理一样，也是摄像头接收信息，现场报警提示，同时远程发射信息到用户的手机，如图 10-33 所示。

图 10-33 搭配 GSM 报警器主机使用

2. 安装布线

佳杰烟感报警器的安装方式如图 10-34 所示。

3. 不适宜安装的场所

佳杰烟感报警器不适宜在如图 10-35 所示的场所使用。

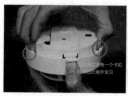 

图 10-34　佳杰烟感报警器安装方式　　图 10-35　不适宜安装的场所

10.3.3　米家门窗传感器

互联网智能家居巨头小米推出了门窗感应器，具有防盗功能，由无线发射模块和磁石模块两部分组成。

当磁体与无线发射模块保持在一定距离时，并不会触发报警功能。一旦磁体与无线发射模块超过一定距离，无线发射模块则会发出报警信号，用户的手机也会收到相关信息。图 10-36 所示为米家门窗传感器。

图 10-36　米家门窗传感器

米家门窗感应器也可以和小米旗下的其他智能家居联动，例如多功能网关、米家摄像头等，具体如图 10-37 所示。

而且，米家门窗传感器的安装与连接也十分简单，具体如图 10-38 所示。

当然，米家门窗传感器也坚持小米一贯以来的低价位、高品质的策略，具体如图 10-39 所示。

图 10-37　米家门窗传感器与其他智能家居的联动

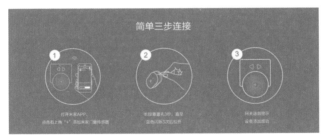

图 10-38　米家门窗传感器的安装与连接

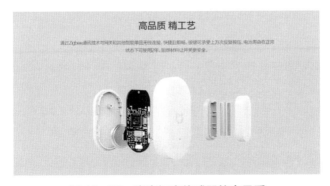

图 10-39　米家门窗传感器的高品质

第11章

实战：智能家居设计方案

学前提示

现阶段，越来越多的人对智能家居产生了浓厚的兴趣，想要安装一整套智能家居系统。但如何针对住宅的不同区域，有规划地做好智能家居设计，是每个用户都需要了解的知识。智能家居的终端产品众多，但如何将它们利用起来，真正成为一个系统才是关键。

- 户外设计：安全照明
- 门口设计：便捷轻松
- 客厅设计：炫酷实用
- 卧室设计：私密舒适
- 书房设计：安静愉悦
- 厨房设计：防火防灾
- 卫生间设计：自由轻松

11.1 户外设计：安全照明

设想一下这样的场景：

早上出门时，智能音箱提示外面有雨，报出雨量大小及风速，提醒主人出门记得带雨具，同时提示今日空气质量情况，包括雾霾、PM2.5 数值等。

在去往车库的途中，感应到主人的来临，车库门便自动打开，车库的智能照明自动开启，车开出车库之后，车库感应到车的离去，车库门又自动关闭，照明灯也自动熄灭。

在大晴天，花园里的浇水系统会通过感应器检测植物的缺水和土壤情况，将检测到的数值通过手机发送给主人，询问是否启动灌溉程序，主人点击"确定"按钮，灌溉系统就能给花园里的植物自动浇水，在下雨天，如果雨量超过一定值，花园里积蓄的水量过多，花园会自动开启排水系统，将多余的水排出，防止积水；如果有人闯入花园，感应系统和监控系统会同时发挥作用，将感应到的入侵者通过提示和视频形式发送到主人的手机。

晚上回家，屋外的照明灯会通过感应装置进行感应，如果感应到主人回家，就会自动照明，帮助主人照亮回家的道路，主人进屋后，感应灯就会自动熄灭。

这样的场景是否充满了智能化和人性化？在日常生活中，随着智能家居的发展，人们也越来越重视室外的智能化系统，尤其在人工智能、大数据等技术的大力推动后，智能家居也渐渐走进了人们的生活，不仅是室内的智能化系统升级转型，室外的智能化系统也成为人们生活中的热点话题，人们对未来智能家庭的期待越来越大。本节笔者将阐述室外的智能系统设计。

11.1.1 户外灯光照明

户外灯光照明是指利用智能灯光面板替换传统的电源开关，实现人体感应全自动开关照明灯的目的，如图 11-1 所示。

图 11-1 户外灯光照明

户外灯光照明的主要目的是确保人们回家时能看清环境，因此可以不具备亮度调节、照明效果等其他拓展的功能，只要感应照明功能即可，但是如果是为了美化屋宅，则可以安装更优化的灯光管理系统，用感应、智能中枢控制等多种智能控制方式对灯光进行遥控开关、亮度调节、全开全关以及组合控制等，如图 10-2 所示，从而实现多种灯光场景效果，例如"宴会""自主烧烤""悠闲"等。

图 11-2　户外灯光照明

户外灯光照明系统设计的要求有以下几点，如图 11-3 所示。

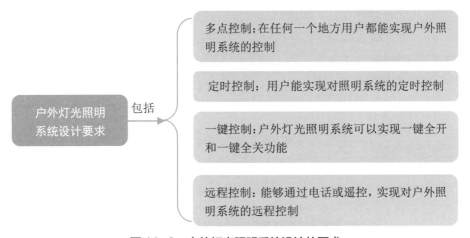

图 11-3　户外灯光照明系统设计的要求

11.1.2　户外环境检测

随着社会经济市场的发展，人们的生活质量水平越来越高，对健康的重视程度也越来越大，绿色蔬菜、防尘口罩、防辐射外套等健康食物和装备也成了人们生活中的必需品。

特别是在环境污染严重的地区，人们希望环境得到改善的同时，也渴望能有一个环境监测系统，帮助他们监测环境及控制污染情况，一方面能够知道室外气候、噪声及空气质量情况，另一方面能够采取相应措施，防止污染侵害，如图 11-4 所示。

图 11-4　智能家居环境监测渐渐走入人们的生活

户外环境监测系统主要包括 3 个部分：环境信息采集、环境信息分析及控制和执行机构。其系统组成包括空气质量感测器、室外气候探测器以及无线噪音传感器，工作原理如图 11-5 所示。

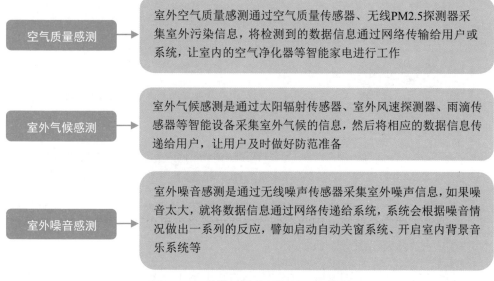

空气质量感测	室外空气质量感测通过空气质量传感器、无线PM2.5探测器采集室外污染信息，将检测到的数据信息通过网络传输给用户或系统，让室内的空气净化器等智能家电进行工作
室外气候感测	室外气候感测是通过太阳辐射传感器、室外风速探测器、雨滴传感器等智能设备采集室外气候的信息，然后将相应的数据信息传递给用户，让用户及时做好防范准备
室外噪音感测	室外噪音感测是通过无线噪声传感器采集室外噪声信息，如果噪音太大，就将数据信息通过网络传递给系统，系统会根据噪音情况做出一系列的反应，譬如启动自动关窗系统、开启室内背景音乐系统等

图 11-5　户外环境监测系统工作原理

户外环境检测系统是人们智能家居生活中一种比较理想的环境检测系统，目前市面上的主要产品包括空气质量传感器、空气传感控制器、空气质量检测仪、太阳辐射传感器、室外风速探测器、雨滴传感器、无线噪声探测器等。各产品的具体功能如图 11-6 所示。

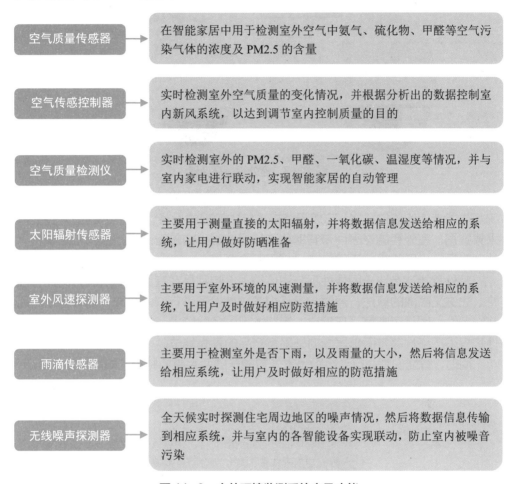

空气质量传感器	在智能家居中用于检测室外空气中氨气、硫化物、甲醛等空气污染气体的浓度及 PM2.5 的含量
空气传感控制器	实时检测室外空气质量的变化情况，并根据分析出的数据控制室内新风系统，以达到调节室内控制质量的目的
空气质量检测仪	实时检测室外的 PM2.5、甲醛、一氧化碳、温湿度等情况，并与室内家电进行联动，实现智能家居的自动管理
太阳辐射传感器	主要用于测量直接的太阳辐射，并将数据信息发送给相应的系统，让用户做好防晒准备
室外风速探测器	主要用于室外环境的风速测量，并将数据信息发送给相应的系统，让用户及时做好相应防范措施
雨滴传感器	主要用于检测室外是否下雨，以及雨量的大小，然后将信息发送给相应系统，让用户及时做好相应的防范措施
无线噪声探测器	全天候实时探测住宅周边地区的噪声情况，然后将数据信息传输到相应系统，并与室内的各智能设备实现联动，防止室内被噪音污染

图 11-6　户外环境监测系统产品功能

11.1.3　户外安全监管

户外也需要安全监管，因此户外监控器材就必不可少了。通常来说，户外监控器材需要具备灵敏度高、抗强光、畸变小、体积小、寿命长、抗震动、防水、红外夜视、监控距离长等特点。

目前户外摄像头的种类很多，主要可以用来监控户外偷盗、户外意外事故等情况。笔者在这里简单介绍一种设备——室外智能高速球机，如图 11-7 所示。

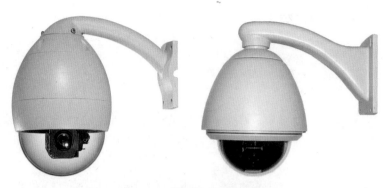

图 11-7　室外智能高速球

简单而言，室外智能球机是一款综合了红外摄像机、智能云台系统、通信系统等功能特点的监控器材，它属于监控系统中的前端设备，主要负责全方位摄像、采集数据。室外智能球表面带有钢化玻璃保护层、内置智能温控报警电路及特有的散热系统，因此相较于同类产品使用寿命会更长。

室外智能球专注于图像处理与通信技术，特别是在音视频编解码方面拥有独特、先进又高效的算法，通过与远程视频硬件设备进行嵌入集成，能够保证产品在稳定性、图像清晰度、压缩比、运行效率、负载能力、安全等级、功能可操控性和权限严密性等方面都居国内外同类产品的领先地位。

同时，智能识别、自动跟踪是室外智能球的两大重要特征，如图 11-8 所示。

自动跟踪	→	在智能识别的基础上，对图像进行差分计算，不仅能够自动识别视觉范围内目标运动的方向，还能自动控制云台对移动目标进行追踪，同时有高清晰的自动变焦镜头作为辅助，当目标进入智能球机视线范围后，所有动作都被清晰地传往监控中心
智能识别	→	通过对当前目标的外型特征或行为动作特征与后台预存特征进行比对和有效分析，预测目标的行为，变被动防范为主动防范

图 11-8　室外智能球的两大特征

11.2　门口设计：便捷轻松

门口一直是智能家居领域非常重视的区域，不论是智能门锁、可视对讲系统还是无线门磁探测器、人体红外探测器等，都在为门口区域保驾护航，如

图 11-9 所示。

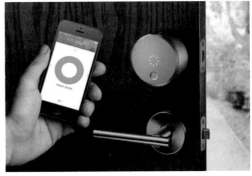

图 11-9　门口智能区域

设想一下这样的场景：

当主人离开家门之后，拿出手机，设置"家中无人"模式，门口的智能门锁自动开启"保家护航"程序，门锁密码启动，可视对讲进入视频监控模式，一旦有人进入可监控范围，就会被拍摄下来，并且存档等待主人回来随时查看，如果有人非法入侵室内，红外系统只要一感应到有人入侵，便及时将视频发送给主人，并且自动启动报警系统，不让非法分子有机可乘。

当有客人来访时，若主人不在家，可以通过智能系统发过来的视频鉴定门口的人是否是自己的朋友，若是便可远程控制解除安保模式，进入会客模式，然后门锁会自动打开，让客人进入家门。

当晚上回家时，无须使用笨重又繁复的钥匙，只要输入密码或者利用指纹即可开启门锁，还可以调看当天的视频，查看是否有可疑人在家门口徘徊。

目前来说，以上的智能场景基本上已经可以实现，随着互联网技术的发展和越来越多的智能产品上市，人们离真正的智能家居生活越来越近。本节笔者就为大家介绍门口的智能系统的设计。

11.2.1　智能门锁

锁的出现满足了人们对安全方面的需求，锁的发展经历了挂锁、电子锁、指纹锁，如今到了智能门锁的阶段，智能锁是指区别于传统机械锁，在用户识别、安全性、管理性方面更加智能的锁具。

不同的门锁开锁的方式不同，下面笔者介绍不同的门锁的工作原理，如图 11-10 所示。

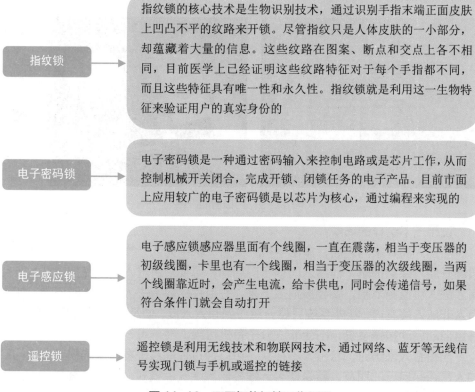

指纹锁　指纹锁的核心技术是生物识别技术，通过识别手指末端正面皮肤上凹凸不平的纹路来开锁。尽管指纹只是人体皮肤的一小部分，却蕴藏着大量的信息。这些纹路在图案、断点和交点上各不相同，目前医学上已经证明这些纹路特征对于每个手指都不同，而且这些特征具有唯一性和永久性。指纹锁就是利用这一生物特征来验证用户的真实身份的

电子密码锁　电子密码锁是一种通过密码输入来控制电路或是芯片工作，从而控制机械开关闭合，完成开锁、闭锁任务的电子产品。目前市面上应用较广的电子密码锁是以芯片为核心，通过编程来实现的

电子感应锁　电子感应锁感应器里面有个线圈，一直在震荡，相当于变压器的初级线圈，卡里也有一个线圈，相当于变压器的次级线圈，当两个线圈靠近时，会产生电流，给卡供电，同时会传递信号，如果符合条件门就会自动打开

遥控锁　遥控锁是利用无线技术和物联网技术，通过网络、蓝牙等无线信号实现门锁与手机或遥控的链接

图 11-10　不同智能门锁工作原理

为什么智能门锁随着智能家居的兴起，也渐渐受到了人们的喜爱和重视。原因当然不只是智能门锁美观的高科技化的外貌，除了美观之外，智能门锁还具备很多方面的优势，就目前而言，智能门锁的主要优势如图 11-11 所示。

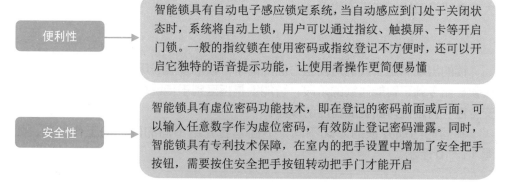

便利性　智能锁具有自动电子感应锁定系统，当自动感应到门处于关闭状态时，系统将自动上锁，用户可以通过指纹、触摸屏、卡等开启门锁。一般的指纹锁在使用密码或指纹登记不方便时，还可以开启它独特的语音提示功能，让使用者操作更简便易懂

安全性　智能锁具有虚位密码功能技术，即在登记的密码前面或后面，可以输入任意数字作为虚位密码，有效防止登记密码泄露。同时，智能锁具有专利技术保障，在室内的把手设置中增加了安全把手按钮，需要按住安全把手按钮转动把手门才能开启

图 11-11　智能门锁的优势

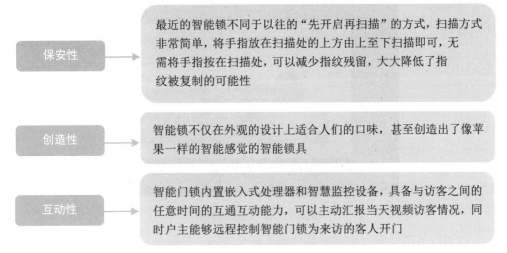

图 11-11　智能门锁的优势（续）

虽然智能家居的发展趋势已经势不可挡，智能门锁看似也顺应潮流势如破竹，但是实际上，智能门锁的发展依然十分缓慢，因为它面临着几大挑战，如图 11-12 所示。

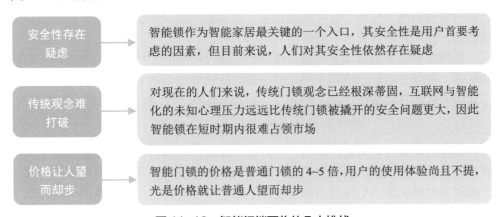

图 11-12　智能门锁面临的几大挑战

11.2.2　门口可视对讲

可视对讲是现代小康住宅的一套服务措施，主要用于访客与住户之间的双向可视通话，达到图像、语音双重识别从而增加住宅的安全可靠性，是住宅小区防止非法入侵的第一道防线。

现阶段，门口可视对讲智能设备经过发展，已经成为智能家居安防必不可缺的一部分，具体产品如图 11-13 所示。

图 11-13　可视对讲机

对讲设备自发展以来，一共经历了三个阶段，分别是从语音对讲到黑白可视对讲，从黑白可视对讲到彩色可视对讲，从彩色可视对讲到智能终端。

1. 从语音对讲到黑白可视对讲

可视对讲于 20 世纪 90 年代从发达国家引进，然后在国内得到了快速的发展，主要应用在商品住宅楼。随着智能城市规划和智能家居的进一步发展，可视对讲目前已经普遍进入城市小区中高层住宅。对讲最开始只有语音形式，当门口有人按铃时，住户会听到铃声，就像接听电话一样。

后来才慢慢发展成可视对讲，住户可以通过门外的主机摄像头接收门外的视频影像，观察分机显示屏幕上的监控图像以确认来访者的身份，最后决定是否按下室内分机的开锁按钮，打开连接门口主机的电控门锁，允许来访客人开门进入。

2. 从黑白可视对讲到彩色可视对讲

语音对讲发展为可视对讲后，一开始只是黑白可视对讲，即通过门外主机摄像头传递过来的视频影像是黑白的，就如同黑白电视机发展成彩色电视机一样，可视对讲也是从黑白可视对讲慢慢发展成彩色可视对讲的，如图 11-14 所示。

3. 从彩色可视对讲到智能终端

彩色可视对讲发展到一定阶段，随着人们对智能家居智能化的需求，可视对讲慢慢发展成智能家居的智能终端，其功能越来越强大，一旦住宅内所安装的门磁开关、红外报警探测器、烟雾探险测器、瓦斯报警器等设备连接到可视对讲系统的保全型室内机上以后，可视对讲系统就能够升级为一个安全技术防范网路，它可以与住宅小区物业管理中心或小区警卫进行有线或无线通信，从而起到防盗、防灾、防煤气泄漏等安全保护作用，为屋主的生命财产安全提供最大程度的保障。

图 11-14　彩色可视对讲

智能终端除了具备安防、监控、报警等功能以外，还具备留影留言、信息接收与发布、家电智能控制、远程控制等多重功能。

11.3　客厅设计：炫酷实用

客厅的设计主要从灯光照明系统、电视及家庭影院系统、视频监控、门窗安防报警系统等几方面入手，既要做到美观实用、又要确保安全。

11.3.1　客厅照明系统设计

客厅是家人休闲娱乐和会客的重要场所，因此客厅的照明要以明亮、实用和美观为主，如图 11-15 所示。

图 11-15　客厅照明设计

在光源设计上应有主光源和副光源。主光源包括吊灯和吸顶灯，组合吊灯应以奢华大气为主，亮度大小可以调节。副光源是指壁灯、台灯、落地灯等，起到辅助照明的作用，有些壁灯起装饰作用，落地灯的灯罩是关键，颜色应与沙发等客厅主色调保持一致，台灯对亮度的要求较高，光源位置应高一点。在智能家居领域，客厅的灯光都是通过自动感应、智能中枢等进行控制的。

11.3.2　智能电视设备系统

在客厅，电视设备是能够呈现第一视觉化效果的装置，作为第一休闲和会客场所，客厅的智能电视设备系统极为重要。智能电视的到来，顺应了电视机"高清化""网络化""智能化"的趋势。当PC早就智能化，手机和平板也在大面积智能化的情况下，TV这一块屏幕也逃不过IT巨头的眼睛，慢慢走向了智能化。在国内，各大彩电巨头早已开始了对智能电视的探索，智能电视盒生产厂家也紧随其后，以电视盒搭载安卓系统的方式来实现电视智能化提升。

所谓真正的电视智能化，是指电视应该具备能从网络、AV设备、PC等多种渠道获得节目内容的能力，能够通过简单易用的整合式操作界面，将消费者最需要的内容在大屏幕上清晰地展现，如图11-16所示。

图11-16　智能电视

目前，智能电视也像智能手机一样，具备了全开放式平台，同时搭载了一系列操作系统，可以由用户自行安装和卸载软件、游戏等第三方服务商提供的程序，通过此类程序来实现对彩电功能的不断扩充。同时，用户还可以通过网线、无线网络来实现上网冲浪的功能。智能电视发展的含义如图11-17所示。

带动硬件升级	→	智能电视的发展，意味着硬件技术的升级和革命，因为只有配备了业界领先的高配置、高性能芯片，才能顺畅地运行各种软件程序
带动软件升级	→	智能电视的发展，同时也意味着软件内容技术的升级，根据用户的需求，进行个性化的安装和设计，用户可以通过平台定制功能
未来有成长空间	→	智能电视是一款可成长的电视，通过搭载开放的平台，为用户提供可加载的无线内容、应用和下载空间

图 11-17　智能电视发展的意义

11.3.3　家庭影院设备系统

除了智能电视以外，很多智能家庭都在客厅装上了家庭影院系统，一个好的家庭影院除了与音效有关外，还与其声学装修设计处理有直接关系，只有两者相辅相成，才能设计出一套好的家庭影院。

一个完整的家庭影院系统包括：5.1声道或7.1声道音箱、投影机、投影屏幕以及智能中枢系统等，如图11-18所示。

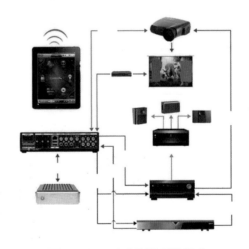

图 11-18　家庭影院系统组成

11.3.4　客厅视频监控系统

客厅视频监控是智能家居设计中不可缺少的一个环节，因为客厅作为进门后的第一区域，最能够在第一时间捕获非法入侵者，客厅视频监控系统一般包括视频采集、视频传输、视频信号存储与显示部分。视频采集可根据需要在客厅内安装若干台网络摄像头，分别监控主要出入口位置，如在客厅的某个靠窗的位置安装一台家用网络摄像头，就能监视客厅的大部分区域；如在客厅门口安装一台摄像头，只要有人非法入侵，手机就能收到警报，并监视入侵者，如图11-19所示。

图 11-19　室内视频监控

11.4　卧室设计：私密舒适

由于卧室空间的封闭特性，它成了物联网的良好载体。最近几年随着互联网进入千家万户，已经有很多公司包括苹果、谷歌和微软等科技巨头试图将智能系统装入用户的卧室，抢占智能家居市场。

试想一下这样的场景：

当用户早上醒来时，卧室的窗帘自动拉开，暖暖的阳光照耀进来，优美的背景音乐徐徐响起，让人心情愉悦，冬天，用户不想把手伸出被窝拿手机看时间，卧室挂在墙上的闹钟会进行自动报时，提醒用户及时起床不要迟到。

晚上，当用户入睡后，家中的灯和电视会自动关闭，当用户睡着以后，家中的安防设备就会自动启动，一旦有人入侵，就会自行启动安防系统。

如果半夜用户起夜，为了不影响他人的睡眠，床头的感应灯会自动点亮，方便起夜者看清脚下的路，不被撞到。

二十年来，"卧室"的定义已经发生了变化，一开始只是简单地对睡眠功能的满足，后来，便是对空间和舒适性的满足，而智能家居的出现，则使卧室的定义发生了更大的变化，人们已不再局限于从前的那些简单需求，而是出现了对安全、健康、个性、精神层面的深层次追求。

11.4.1　卧室照明系统设计

卧室是人们休息睡觉的场所，因此需要满足柔和、轻松、宁静的要求，同时还要满足装饰以及睡前阅读的需求，光线要柔和，避免眩光和杂散光，以帮助主人进入睡眠，装饰类的照明主要是用来烘托气氛，如果用户有睡前阅读的习惯，床头可安放可调光型的台灯。卧室照明设计如图 11-20 所示。

图 11-20　卧室照明设计

11.4.2　卧室智能衣柜

智能家居卧室的设计离不开衣柜，几乎每间主卧都会有一个大大的衣柜，衣柜与人们的家居生活息息相关。

从衣柜内部的布局来看，传统衣柜因其设计与空间限制，布局比较简单，没有细化。而现代智能衣柜，在设计上将衣柜的空间进行了细化，其存储空间可分为挂放区、抽屉区、放鞋区、衬衣区、内衣区、饰品区、换洗衣物区、棉被区等，这种细化的组合方式，真正实现了"有限空间，无限组合"的家居梦想。智能衣柜经过合理的规划，有效提升了收纳容量，提供了灵活、便捷的收纳空间。

11.4.3　卧室智能床

随着智能家居的出现，智能床产品也层出不穷。西班牙 OHEA 就推出了一款 50 秒自行整理床铺的智能床，用户只要用手指轻轻按下自行操作按钮，床就能察觉到有人起床，然后 3 秒后开始自行整理床铺，如图 11-21 所示。

智能床具备多种智能化功能，不仅配备有先进的影音系统，让人们坐在床上，就能够看电影、听音乐；开启按摩模式，就能帮助人们进行多部位的按摩活动；甚至还能诊断睡眠中人们的身体与呼吸情况，帮助治疗打鼾。

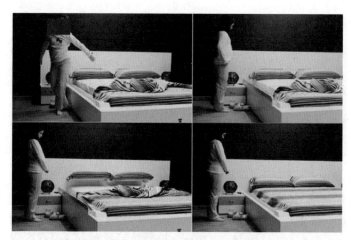

图 11-21　50 秒自动整理床铺的智能床

11.4.4　卧室智能背景音乐

　　卧室背景音乐是在公共背景音乐的基础上，再结合家庭生活的特点发展而来的新型背景音乐系统。简单来说，就是在卧室里布上背景音乐线，通过 MP3、FM、DVD、电脑等多种音源进行系统组合，让卧室随时都能根据需求听到美妙的背景音乐，同时，卧室还能与其他房间联动，即在每个房间都安装上背景音乐线，并且设置好联动模式，用户只需在卧室点击联动背景音乐模式，整个房子就都能听到优美愉悦的背景音乐了，包括花园、客厅、卧室、酒吧、厨房或卫生间等，如图 11-22 所示。

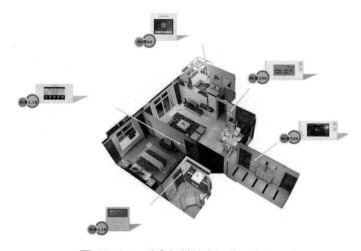

图 11-22　卧室与其他房间背景音乐联动

11.5　书房设计：安静愉悦

书房对于一个现代化的智能家庭而言，早已不是传统意义上的简单的看书、阅读场所，更是休闲、小聚、创意的场所，对于很多人来说，一个宁静、舒适的书房环境，对于办公休闲的重要性一直都是最为重视和关心的。

设想一下这样的场景：

书房中，坐在靠近窗户的椅子上，按下按钮，窗帘自动打开，充足的阳光照耀进来，自然的光线充斥书房。

晚上办公时，按下办公模式，书桌上的台灯自动亮起，根据用户平时的办公习惯调节到最合适、最舒适的亮度，旁边的智能咖啡机自动泡上一杯咖啡，香气袅袅扑鼻，让人精神奕奕。

办公超过一个小时，墙上的钟表发出提示，几秒钟后，书房进入休息模式，原本明亮的光线慢慢变暗，桌上的台灯熄灭，悦耳的背景音乐缓缓响起，十分钟后，再次进入办公模式。

办公结束了，用户将书房调节为阅读模式，背景音乐再次响起，轻柔舒缓，桌上的台灯自动调节到适合阅读的亮度，新风系统自动更新室内空气。

有客人来时，用户将书房调节为会客模式，会客区域的灯自动亮起，办公区域的灯自动熄灭，智能茶壶自动烧水泡茶，然后发出"叮"的一声提醒用户茶已泡好。

随着居住条件的不断改善，现代的书房被人们赋予了更多的实用功能，它的功用变得智能化，空间得到了更大的延展。书房在慢慢成为智能家居不可或缺的一部分时，其美观性和舒适度也越来越受到大家的重视，而且对于目前社会的发展现状，很多上班族不用再天天去公司上班，在家就可以完成办公，比以往便利了不少，因此，书房的智能化布置就显得格外重要。

11.5.1　书房智能灯光控制

在书房中，办公、阅读是第一要义，因此书房对照明的要求，要以保护视力为首要原则。同时由于在学习、工作、阅读的区域，对用眼的要求比较大，因此灯的配置一定要以保护视力为第一准则。

书房的灯光照射要从保护视力的角度出发，除了人的生理、健康和用眼卫生等因素外，还必须使灯具的主要照射与非主要照射面的照度比为 10：1 左右，这样才适合人的视觉要求；而电脑区域，需要良好的照明环境，台灯需要具有高照度、光源深藏、视觉舒适、移动灵活等特点，如图 11-23 所示。

图 11-23　书房照明设计

在书房中，洽谈、会客、学习、办公需要的光线照度不同，因此可以设置多种光照模式，以应对不同的情景模式要求，还能自定义"陪读"模式，如图 11-24 所示。

图 11-24　书房照明定义"陪读"模式

11.5.2　书房智能降噪系统

书房属于办公、学习的场所，因此营造一个舒适的、适合阅读的环境非常重要，智能书房中，一般可以安装一个噪声传感器，当外面噪声太大时，书房的噪声传感器会采集室外的噪声信息和来源，将门窗自动关闭隔绝噪音，同时开启背景音乐系统，将舒缓的音乐播放出来，帮助办公的人抵抗噪音污染，如图 11-25 所示。

图 11-25　书房智能降噪系统

　　如果噪音很大，影响人的工作学习效率，那么书房系统就会将情景模式自动调节为"休息"模式，避免人们在过于嘈杂的环境中进行低效率的工作和学习，如图 11-26 所示。

图 11-26　书房进入"休息"模式

11.5.3　书房背景音乐系统

　　书房的背景音乐系统可用于很多情景模式中，例如会客时，用户可以和客人在优美的音乐中交谈；休息、休闲时，用户可以播放背景音乐；室外有噪音干扰时，书房系统自动播放音乐来抵挡外界的干扰；当用户不办公时，也可以伴着轻音乐享受美好的阅读时光，如图 11-27 所示。

图11-27　轻阅读时伴着背景音乐

　　因为书房是安静学习和办公的场所，因此书房的背景音乐系统最好有单独的音量按钮，这样便于进行独立的智能控制，不受其他房间影响。

11.5.4　书房远程监视系统

　　因为书房是重要的办公场所，因此很多重要的信息和资料可能都在这里，因此书房的监视系统必不可少，智能摄像头可以选择能够旋转、图像清晰、具有夜视功能的摄像头，并且能及时通知用户，将拍摄到的视频发给用户，及时启动报警装置，如图11-28所示。

图11-28　书房远程监控摄像头

　　具体来说，书房的远程网络监控系统可以分为两部分，如图11-29所示。

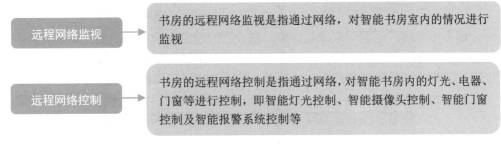

| 远程网络监视 | 书房的远程网络监视是指通过网络，对智能书房室内的情况进行监视 |
| 远程网络控制 | 书房的远程网络控制是指通过网络，对智能书房内的灯光、电器、门窗等进行控制，即智能灯光控制、智能摄像头控制、智能门窗控制及智能报警系统控制等 |

图 11-29　书房的远程网络监控系统

11.6　厨房设计：防火防灾

中国古代一直就有"民以食为天"的说法，因此厨房一直都是家的重心。随着科技社会的发展，现代厨房已不再是单一的烹饪空间，而是慢慢成为人们的第二客厅，智能生活也从客厅进入厨房，赋予人们越来越多的智能与便利，当整体厨房概念还未走入千家万户时，商家已经迫不及待地想要带领大家走进"智能化"的时代。

试想一下这样的场景：

用户在炒菜时，前面突然呈现出一块大屏幕，用户只需用手指触摸，就可以在互联网上寻找相应的美食教程，跟着视频一步一步做，让"菜鸟"也能成为大厨。

冰箱显示屏上显示的不再只是简单的时间和温度，而是贴心的提示，例如哪些食物已快过期，请尽快食用；鸡蛋的数量有多少；制作牛肉火锅，还需要购买哪些材料等等。

洗碗池有条不紊地工作着，将洗好的碗分门别类依次放入消毒柜中，全部放置好后，消毒柜门关闭，自动调节设置，开始工作，而用户只需坐在客厅看电视即可。

早上人们起床了，厨房开始准备早餐，一杯温热的牛奶、一份可口的食物，当用户洗漱好之后，走进厨房，这些美食就已经新鲜出炉。

当用户出门上班后，厨房自动开启安防装置，如果发生气体泄漏的情况，立即开窗通风，电路进入闭合状态，同时将警报信息通过网络发送到用户的手机上，防止意外发生。

虽然，这些还只是我们对未来智能厨房的一些美好的构想，但是随着互联网和高科技的发展，我们相信这些不再只是梦想。高科技厨房能为我们带来的，不仅仅是传统烹饪方式的改革，还是实现人们对精神世界、心理需求层次的一种追求，原本烦琐的厨房家务，在智能厨房的帮助下将会变得更智慧、更全面、更轻松。

11.6.1 厨房烟雾传感器

烟雾传感器广泛用于家庭厨房中，是一款通过监测烟雾的浓度来实现火灾防范的装置，可以在火灾初期、人不易感觉到的时候进行报警。烟雾传感器可分为离子式烟雾传感器和光电式烟雾传感器，下面笔者进行具体介绍。

- 离子式烟雾传感器是一种技术先进，采用离子烟雾传感且工作稳定可靠的传感器。该传感器被广泛运用于各消防报警系统中，其性能远优于气敏电阻类的火灾报警器，如图 11-30 所示。
- 光电式烟雾传感器内安装有红外对管，无烟时红外接收管收不到红外发射管发出的红外光。当烟尘进入时，通过折射、反射作用，接收管能接收到红外光，然后智能报警电路判断是否超过阈值，如果超过阈值，光电式烟雾传感器将会发出警报，如图 11-31 所示。

图 11-30　离子式烟雾传感器

图 11-31　光电式烟雾传感器

光电式烟雾传感器又可分为散射光式和减光式烟雾传感器，如图 11-32 所示。

散射光式烟雾传感器	散射光式烟雾传感器的检测室内也装有发光器件和受光器件：正常情况下，受光器件接收不到发光器件发出的光，因此不产生光电流。而当火灾发生烟雾进入检测室时，由于烟粒子的作用，使发光器件发射的光产生散射，这种散射光被受光器件接收，使受光器件的阻抗发生变化，于是产生光电流，从而实现了烟雾信号转变为电信号的功能，然后通过判断是否需要发出报警信号
减光式烟雾传感器	减光式烟雾传感器的检测室内装有发光器件及受光器件：正常情况下，受光器接收到发光器发出的一定光量；而当有烟雾产生时，发光器的发射光受到烟雾的遮挡，使受光器接收的光量减少，导致光电流降低，于是探测器机会发出报警信号

图 11-32　光电烟雾传感器分类

离子烟雾传感器和光电式烟雾传感器各有优劣，将两者进行比较，会发现离子烟雾报警器对微小的烟雾粒子的感应要更灵敏一些；而光电烟雾报警器对稍大的烟雾粒子的感应要更灵敏，而对灰烟、黑烟的响应要差些。

11.6.2 厨房智能防火系统

厨房智能防火设计通常包括家用火灾报警探测器、家用火灾报警控制器和火灾声光报警器等几部分。

1. 感觉器官——火灾报警探测器

火灾报警探测器的主要作用是探测环境中是否有火灾发生，火灾报警探测器一般用可燃气体传感器和烟雾传感器，如图 11-33 所示。笔者认为，除了厨房外，每间卧室、起居室都应设置一个火灾探测器。

图 11-33 可燃气体传感器

在厨房设置可燃气体传感器时，要注意如图 11-34 所示的这几点事项。

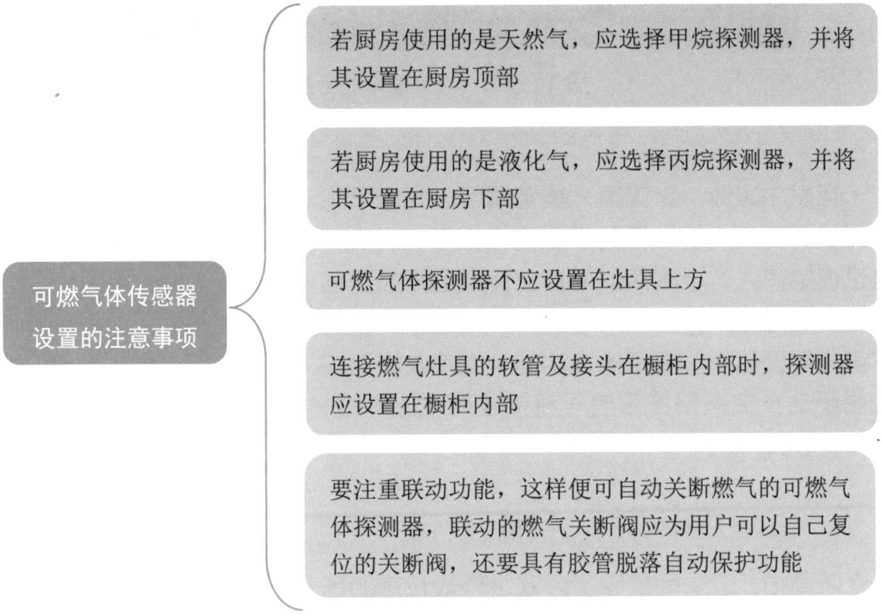

可燃气体传感器设置的注意事项

- 若厨房使用的是天然气，应选择甲烷探测器，并将其设置在厨房顶部
- 若厨房使用的是液化气，应选择丙烷探测器，并将其设置在厨房下部
- 可燃气体探测器不应设置在灶具上方
- 连接燃气灶具的软管及接头在橱柜内部时，探测器应设置在橱柜内部
- 要注重联动功能，这样便可自动关断燃气的可燃气体探测器，联动的燃气关断阀应为用户可以自己复位的关断阀，还要具有胶管脱落自动保护功能

图 11-34 设置可燃气体传感器的注意事项

2. 行为操纵——火灾报警控制器

厨房火灾报警控制器应独立设置在明显且便于操作的位置，当采用壁挂方式安装时，底边离地面应有 1.3 ~ 1.5 米，火灾报警控制器能够通过联动控制电

气火灾监控探测器的脱扣信号输出，切断供电线路，或控制其他相关设备，如图 11-35 所示。

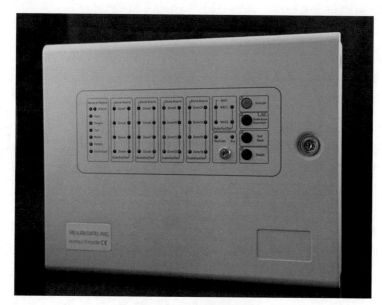

图 11-35　火灾报警控制器

3. 高声报警——火灾声光报警器

一旦发生火情，火灾声光报警器可以在未产生明火时就探测到火情，同时发出高音报警，并在 8 秒内迅速给家人、小区保安或物业传递远程报警信号，第一时间通知相关人员赶到着火地进行扑救。火灾声光报警器一般具备语音功能，能接收联动控制或由手动火灾报警按钮信号直接控制发出警报，如图 11-36 所示。

图 11-36　火灾声光报警器

11.7　卫生间设计：自由轻松

众所周知，卫生间是除了卧室之外最私密的场所了。一般而言，传统的卫生间包含马桶、淋浴、洗手池等，但似乎除了这些，就没有别的东西了。随着科技的发展，智能及网络元素也开始逐渐进入到卫生间中，如图 11-37 所示。

图 11-37　智能卫生间

试想一下这样的场景：

每天走进卫生间时，扑鼻而来的不再是难闻的异味，而是一阵阵令人舒适的清香，地面也不再潮湿，任何时候进入都不用担心会因为地面潮湿而滑倒。

冬天洗澡的时候，卫生间依然保持恒温，同时也不用担心空间闭塞、呼吸不畅，在沐浴的过程中，躺在按摩浴缸中，空气中有轻缓的音乐缓缓流淌，再也不用担心噪声影响了。

坐在马桶上时，马桶已经微微加热，并且脚底有自动按摩功能，每次结束后系统都会进行紫外线除菌，让用户安心使用，起夜的时候，马桶的夜灯会自动开启，同时还有超清晰视频供用户打发时间。

智能化已渐入人心，住宅智能化给家居生活带来了许多便利，卫生间的智能化设计将为人们的生活带来颠覆性的变化，不但能增加卫生间的功能，还能改善卫生间存在的一些问题。

11.7.1　卫生间智能化设计原则

在家居生活中，卫生间是一个不可或缺的重要空间，它与人们的关系极为密切。智能技术的引入，使卫生间更显人性化，同时随着人们对卫生间的期望和要求越来越高，卫生间的智能化设计能够营造更完美的空间享受。实现住宅卫生间的智能化设计应当遵循如图 11-38 所示的几条原则。

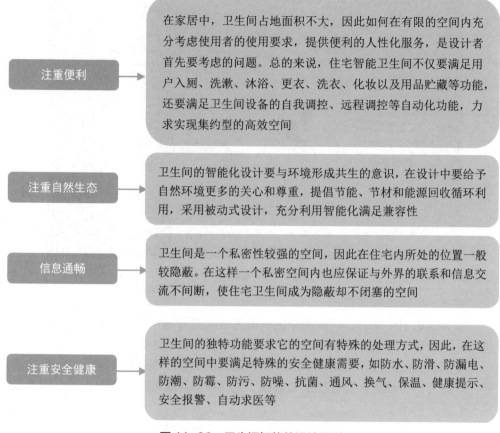

注重便利	在家居中，卫生间占地面积不大，因此如何在有限的空间内充分考虑使用者的使用要求，提供便利的人性化服务，是设计者首先要考虑的问题。总的来说，住宅智能卫生间不仅要满足用户入厕、洗漱、沐浴、更衣、洗衣、化妆以及用品贮藏等功能，还要满足卫生间设备的自我调控、远程调控等自动化功能，力求实现集约型的高效空间
注重自然生态	卫生间的智能化设计要与环境形成共生的意识，在设计中要给予自然环境更多的关心和尊重，提倡节能、节材和能源回收循环利用，采用被动式设计，充分利用智能化满足兼容性
信息通畅	卫生间是一个私密性较强的空间，因此在住宅内所处的位置一般较隐蔽。在这样一个私密空间内也应保证与外界的联系和信息交流不间断，使住宅卫生间成为隐蔽却不闭塞的空间
注重安全健康	卫生间的独特功能要求它的空间有特殊的处理方式，因此，在这样的空间中要满足特殊的安全健康需要，如防水、防滑、防漏电、防潮、防霉、防污、防噪、抗菌、通风、换气、保温、健康提示、安全报警、自动求医等

图 11-38 卫生间智能的设计原则

11.7.2 卫生间智能化产品

卫生间智能化的设计方案，要从主要的产品入手，同时还需要足够的技术支持。目前，世界各地都在进行智能化技术和智能化产品的研究与开发，各种智能化技术和产品已推广到实际应用中，取得了很好的效果，如人体感应开关灯、电脑坐便器、感应小便池、感应蹲便池、按摩浴缸、淋浴保温房等。下面笔者为大家介绍几款应用到智能卫生间中的产品。

1. 智能镜子

智能镜子产品众多，例如海尔就推出过一款智慧魔镜，看上去和普通镜子一模一样，实际上却是一块智能触控屏，拥有 4 种智能功能，具体如图 11-39 所示。

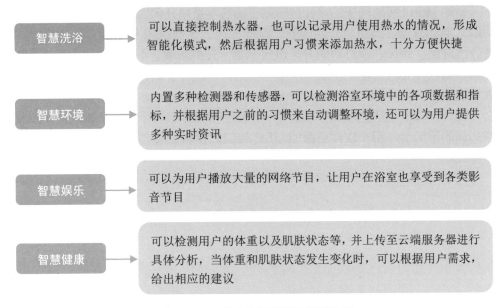

智慧洗浴	可以直接控制热水器，也可以记录用户使用热水的情况，形成智能化模式，然后根据用户习惯来添加热水，十分方便快捷
智慧环境	内置多种检测器和传感器，可以检测浴室环境中的各项数据和指标，并根据用户之前的习惯来自动调整环境，还可以为用户提供多种实时资讯
智慧娱乐	可以为用户播放大量的网络节目，让用户在浴室也享受到各类影音节目
智慧健康	可以检测用户的体重以及肌肤状态等，并上传至云端服务器进行具体分析，当体重和肌肤状态发生变化时，可以根据用户需求，给出相应的建议

图 11-39　海尔智慧魔镜的智能功能

2. 智能马桶

目前市面上出现的智能马桶很多，下面笔者介绍一款科勒 Numi 智能马桶，如图 11-40 所示。

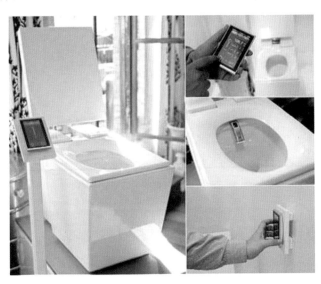

图 11-40　科勒 Numi 智能马桶

科勒 Numi 智能马桶的设计灵感源于建筑学直角几何理念，它的技术包括：免触式自动开盖、脚感应开启座圈、座圈加热、足部暖风 SPA 功能、附带 UV 紫外线除菌、暖风、夜灯功能并可设定水温水压的喷嘴、4.3 英寸超大触摸屏遥控器、高效领先的智能电子双冲系统、梦幻背灯设计、内置音响系统、木炭过滤除臭器等。

　　同时，Numi 智能马桶还内置了一个蓝牙接收器、一个可用于访问自定义播放列表的记忆卡、用于软件更新的 USB 接口，提供七种颜色可供选择的环境照明模式。

第 12 章
应用：微信应用与软件控制实战

学前提示

微信和软件控制在当前的智能家居控制模式中依旧占有一席之地，特别是对于一些全屋集成式的智能家居设计方案来说，往往需要第三方的软件和应用进行控制。这也意味着智能家居的发展不可能一蹴而就，需要根据实际情况制定不同的控制方式。

- 微信＋智能家居时代
- 软件控制智能家居实战

12.1 微信＋智能家居时代

在互联网、移动互联网发展迅猛的今天，微信通过文字、图片、语音、视频等信息，让人与人之间的交流变得更加简单、高效。可以说，微信的出现改变了人们的沟通方式。然而，随着微信电视、微信空调的出现，人们渐渐认识到微信不仅仅只是一种社交工具，在智能家居应用方面，微信隐隐有了新的发展方向。

12.1.1 微信实现智能家电应用

目前，微信在智能家居中的应用大多数以控制为主，兼顾信息查询和支付等功能。图12-1所示为智能家居企业GKB的微信控制智能家居界面。

图12-1 微信控制功能

虽然这些功能看似简单又平常，但在实际应用中，确实给人们带来了十分方便的体验。目前市面上，有些智能家电已经能够通过微信来控制了。

1. 微信控制智能电视

腾讯联合家电企业推出了微信电视，融合了互联网电视作为家庭娱乐终端与微信作为个人智能终端的双重优势，实现了家庭互联网和移动互联网的共享、融合，如图12-2所示。在微信电视中，用户只要将电视和"中国互联网电视"的微信服务号绑定之后即可实现一键绑定、语音搜索、高级搜索、高清影院、一键收藏、微信照片电视看、一键服务、微遥控器、远程点播、微信支付等应用，如图12-3所示。

图 12-2 微信电视

图 12-3 微信点播

　　例如，通过微电子节目菜单，用户只要语音告诉微信想看什么台，就会有相关节目推送过来；如果是在地铁里浏览微信推送过来的最新节目单，只要收藏节目名称，回到家后在电视上打开收藏夹，就能直接观看节目；同时，用户还可以通过微电子节目菜单直接遥控电视，给人们带来了极大的便利；通过一键分享功能，用户能够把照片、视频等即时同步到电视上，如图 12-4 所示；甚至，遇到需要付费的电影，用户只需通过微信扫一扫，就可以直接付费观看了。微信电视也已经有了节目分享、UGC 内容运营等多种功能，这些功能的出现一定程度上把互联网电视的客厅视听体验推向了一个新境界。

图 12-4　微信远程发送照片、视频到电视上

2. 微信控制智能空调

微信在智能家居领域应用成功的另一个案例是微信空调。腾讯与海尔联合推出了微信控制空调功能，用户只要扫描相关二维码或是关注"海尔智能空调"微信公众号，并绑定家中的智能空调就可以实现微信操控了。

通过微信，用户可以直接完成空调的开关指令，除了完成开关指令之外，还可以通过语音、文字等方式调节空调，比如用户说开机，空调就会自动打开；用户说关机，空调就会自动关闭；用户说将温度调到23℃，空调就会自动将温度调节到23℃。可以说，微信就像是一个空调遥控器，人们用微信控制空调就像是和空调进行了一次聊天。

12.1.2　微信在智能家电中的功能

现阶段，微信在智能家电领域还会有哪些功能和应用？

1. 更人性化的控制

目前，微信在智能家电中的应用，最直接、最普及的就是各种控制功能了，控制智能电视、控制智能空调，甚至控制家里的照明系统。但是目前的这些对智能家电产品的应用，依然还只是初级阶段，未来，还会有更多、更便捷的控制功能。

（1）语音、短信预约：微信的语音、短信功能是人们最常用的功能之一，但在智能家居中，利用语音或短信来控制电视、空调等家电产品还处于初级阶段，虽然单一的指令操作已经比遥控器便捷了很多，但仍然还有可提升的空间。

微信可以与电视、空调、洗衣机、电灯等所有家电绑定在一起，用户在早上离开家门去上班的时候，可以直接用语音或者短信预约安排这些家电的开启、关闭时间。比如发出这样一连串的指令：6:00 开启饮水机，7:00 关闭饮水机；18:30 开启空调，温度设为 26℃；20:00 打开热水器；等等。

通过微信来对家电进行预约控制的操作，在多数情况下是要基于远程控制模式来实现的。也就是说，只要微信与家电产品绑定之后，即便不在同一局域网中，也能实现对家电的管理。

(2) 协同控制：除了可以通过微信语音、短信预约控制智能家电之外，还可以利用微信与家电的绑定来实现协同控制。协同控制，就是指当用户家中所有家电与微信进行绑定后，他们可以对所有产品进行情景模式"编程"，比如：当用户在看电视时，突然有电话打来，只要接通电话，电视或背景音乐就会自动降低音量；或者用户利用微信把家中的几个家电组合起来后，设置成不同的情景模式，当需要某个情景模式时，用户只要在微信上点一下，就能实现该模式的协同控制。

(3) 交水电费：水电费与人们的生活息息相关，随着移动互联网的发展，智能化缴费应用也将慢慢普及。人们通过微信，可以实时查询自身用电量情况、交费购电情况、欠费及余额情况、当年阶梯用电量情况等，同时还可以直接在微信上查阅资费标准、服务承诺、用电常识等。通过绑定验证设置密码之后，用户就可以在微信上实时缴费了。其实微信缴费的这项服务功能，有些企业已经开始实施了。但笔者认为，未来在智能家庭、智能小区、智能建筑的基础上，微信智能缴费功能一定会更加人性化和智能化。

2. 更个性化的应用

微信对智能家电的控制不仅会更人性化，还会更个性化。下面笔者就和大家一起分享微信在智能家居中的个性化应用。

(1) 身份识别：在未来的智能家庭中，各种智能电子锁的应用将会代替传统钥匙的功能，成为家庭安全屏障的首选。微信被应用到门锁领域，可能用户只要用手机微信对着门锁"一扫"，即可让大门自动开启；如果有人想强行打开门锁，微信会发送实时提醒给用户，起到防盗的作用。

(2) 微信可视化：传统的视频门禁系统需要用户站在屋内可视门铃的位置才能看到门外的人，并进行交流。而将装有微信的手机与户外的摄像头门铃进行绑定后，一旦有人按动门铃，微信就会实时提醒，并开启视频模式进行通话，因此用户不必离开沙发。微信可视化的另外一个好处是，即便用户不在家，也可以随时随地知道家中有谁来拜访。

(3) 微信美食：通过微信，人们还可以学习烹饪：在事先添加好的美食账户中搜索食谱，按照食谱中的要求自行购买食材进行烹饪；或者直接到超市对着食材扫一扫，美食账户就会自动出现可以与其搭配的各种食材与食谱。同时，在食谱中配备实时的视频教程，用户可以利用微信的语音功能来控制视频教程的进度。

12.2　软件控制智能家居实战

家居布线系统、智能家居控制管理系统（包括数据安全管理系统）、家居照明控制系统、家庭安防系统、家庭网络系统、背景音乐系统、家庭影院与多媒体系统、家庭环境控制系统都可用电脑、手机等智能终端进行控制。那么，究竟怎样控制呢？下面以KC868系统为例学习一下吧。

KC868系统是杭州晶控电子有限公司推出的智能家居控制系统，该公司是一家专注于研发智能化控制产品、智能家居控制系统的创新型企业。

12.2.1　电脑控制实战

专业人士架设好智能家居系统后，会帮助安装好软件，下面介绍如何登录与控制设备。

1. 用户登录

（1）双击桌面上的KC868图标，打开智能主机控制软件，显示客户端软件登录界面，如图12-5所示。

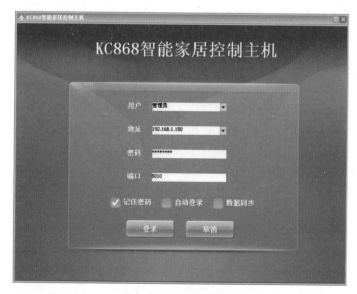

图12-5　控制主机界面

专家提醒

需要提醒用户的是，该软件客户端有两种登录账户，即管理员账户和普通用户。其中普通用户权限较低，只能进行电器的控制操作，无权配置与更改系统参数；而管理员则拥有全部功能权限。

(2) 在登录界面输入相关信息，包括用户名、地址、密码以及端口。点击登录，显示动态进度条，如图 12-6 所示。

(3) 稍等片刻后，登录完成，便会出现软件主界面，如图 12-7 所示。

图 12-6　动态进度条界面

图 12-7　软件主界面

(4) 如果用户觉得这个默认的界面太过简单生硬，不够美观，也可以自定义界面，如图 12-8 所示。

图 12-8　自定义控制主界面

2. 设备控制

下面介绍如何控制楼层、房间以及相关家电等设备。

(1)控制楼层：单击主界面中的"设备"按钮，选择位于首位的"楼层"选项，然后单击左上角的"输出"按钮，选择"楼层名称"，即可进入楼层界面，如图12-9所示。

图12-9　楼层界面

> **专家提醒**
>
> 　　楼层创建界面，既适用于普通公寓，也适用于别墅住宅，进行楼层管理设置时，如果是普通公寓，只需输入一个楼层的名称就可以，如果是多楼层的用户，单击界面最下面的"添加"按钮，界面处会跳出一个"楼层名称"输入界面，在里面输入"X楼"之后，单击确定即可，可进行多次创建。
>
> - "添加"按键：添加新的楼层名称。
> - "修改"按键：修改已创建的楼层名称。
> - "删除"按键：删除已创建的楼层。

(2)控制房间：房间的设置跟楼层的设置步骤一样，多个房间的创建步骤参照楼层设置即可。

(3)控制红外线转发器：红外线转发器与智能主机配合，可以实现对家电等设备的无线遥控，用户不需要修改电气设备的线路，也不需要用线缆连接设备，只需在需要进行红外线遥控的电器设备房间内，安装一个红外线转发器，对软件进行配置，即可实现空调、电视机、蓝光播放器以及音响等红外设备的智能控制。

(4)控制常规设备："常规设备"里列出了创建的常规项目的名称，单击主界面中的"设备"按钮，单击左上角的"输出"按钮，选择"常规设备"，界面如图 12-10 所示。

　　添加、修改、删除"常规设备"的步骤参照"控制楼层"即可。

- "空调"设置：单击"常规设备"里的空调，若"常规设置"里还没有"空调"选项，可单击"添加"按钮进行添加。单击"空调"按钮后，会出现"空调遥控器"的控制界面，如图 12-11 所示，即可对空调进行智能控制。

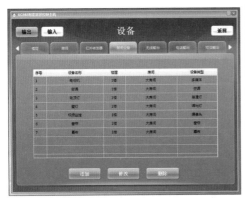

图 12-10　"设备"界面　　　　　　　　图 12-11　空调遥控器控制界面

- "窗帘"控制界面，如图 12-12 所示，进行相关设置后即可智能控制窗帘。
- "灯光"控制界面，如图 12-13 所示，进行相关设置后即可智能控制灯光。

图 12-12　窗帘控制界面　　　　　　　　图 12-13　灯光控制界面

　　摄像头、幕布、多媒体等都需要设置，之后便可进行无线遥控，笔者在此不再一一说明。

　　(5) 电话输入与短信输出：智能主机支持 GSM 手机卡的配合使用，可以实现电话和短信的功能，主人拨打主机电话卡号和发短信给主机电话卡都可实现远程控制，电话输入和短信输出界面如图 12-14 和图 12-15 所示。

3. 安防

单击主界面中的"安防"按钮，则会出现安防界面，如图 12-16 所示。

单击"设防"按钮，主机可接收所有无线输入设备的信号，进入设防报警状态。当进行无线输入设备学习的时候，必须让主机处于"设防"状态。

4. 情景

单击主界面中的"情景"图标，会列出所有创建过的情景模式，用鼠标直接点击，就可进行控制了，如图 12-17 所示。

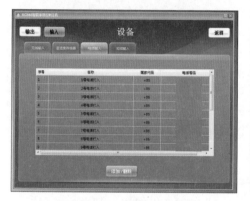

图 12-14　电话输入界面

图 12-15　短信输出界面

图 12-16　安防界面

图 12-17　情景模式界面

12.2.2　苹果平板电脑控制实战

KC868 智能控制系统也可以用苹果平板电脑进行控制，具体操作界面可分为控制主界面（如图 12-18 所示）、电灯设置界面（如图 12-19 所示）、幕布控

制界面（如图 12-20 所示）、空调控制页面（如图 12-21 所示）、其他设备控制
页面（如图 12-22 所示）等。

图 12-18　控制主界面

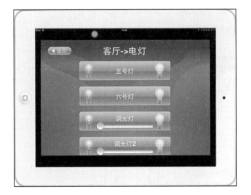

图 12-19　电灯设置界面

图 12-20　幕布控制界面

图 12-21　空调控制界面

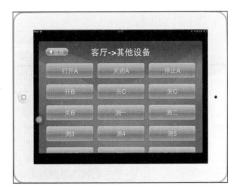

图 12-22　其他设备控制界面

12.2.3　安卓手机控制实战

KC868 智能控制系统可以通过安卓手机进行智能操控。下面笔者介绍安卓手机操作的各大界面，例如安卓登录界面（如图 12-23 所示）、安卓首页界面（如图 12-24 所示）、安卓窗帘控制界面（如图 12-25 所示）、安卓其他设备控制界面（如图 12-26 所示）、安卓情景模式控制界面（如图 12-27 所示）等。

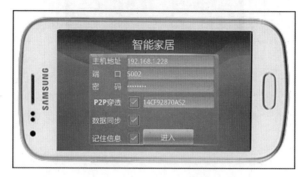

图 12-23　安卓登录界面

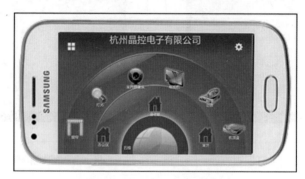

图 12-24　安卓首页界面

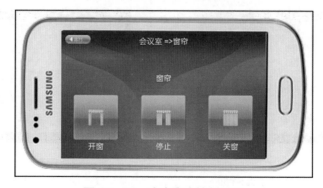

图 12-25　安卓窗帘控制界面

图 12-26　安卓其他设备控制界面

图 12-27　安卓情景模式控制界面